蔬菜集约化
穴盘育苗技术图册

曹玲玲　主编

U0349290

中国农业科学技术出版社

图书在版编目（CIP）数据

蔬菜集约化穴盘育苗技术图册/曹玲玲主编.—北京：
中国农业科学技术出版社，2019.11
ISBN 978-7-5116-4320-9

Ⅰ.①蔬… Ⅱ.①曹… Ⅲ.①蔬菜－育苗－图集
Ⅳ.①S630.4-64

中国版本图书馆CIP数据核字（2019）第156714号

责任编辑　褚　怡　崔改泵
责任校对　马广洋

出 版 者　中国农业科学技术出版社
　　　　　北京市中关村南大街12号　邮编：100081
电　　话　（010）82109194（编辑室）（010）82109704（发行部）
　　　　　（010）82109703（读者服务部）
传　　真　（010）82106650
网　　址　http://www.castp.cn
经 销 者　各地新华书店
印 刷 者　北京东方宝隆印刷有限公司
开　　本　880mm×1230mm　1/32
印　　张　3.75
字　　数　100千字
版　　次　2019年11月第1版　2019年11月第1次印刷
定　　价　35.00元

《蔬菜集约化穴盘育苗技术图册》

编 委 会

主　编　曹玲玲

编　委　（以姓氏笔画为序）

田雅楠　北京市农业技术推广站

李云龙　北京市植物保护站

赵立群　北京市农业技术推广站

姜　凯　北京市农林科学院

曹之富　北京市农业技术推广站

曹彩红　北京市农业技术推广站

商　磊　北京市农业技术推广站

程　旭　北京市优质农产品产销服务站

图　片　赵志茹　曹玲玲　赵立群　田雅楠

李云龙　姜　凯

审　稿　陈殿奎　王树忠　尚庆茂　高丽红

任华中　王　秀　郭文忠　郑建秋

前　言

育苗是蔬菜生产种植过程中关键的技术环节，中国有俗语"苗好五成收"，充分体现了育苗技术的重要性。

集约化育苗的概念是指按照市场需求，在相对可控环境条件下，以企业为生产主体，采用优良蔬菜品种及先进育苗技术，规模化、批量化的生产商品蔬菜秧苗，并以商品形式提供给蔬菜生产者的一种专业化育苗方式。

现代集约化穴盘育苗一般在农业设施内进行，使用穴盘为生产容器，轻型基质为育苗载体，采用相对集中的管理方式，适度规模的生产秧苗。这种生产模式相对传统育苗更加洁净，有利于机械播种、省力化栽培、病虫害综合防治、标准化生产；有利于新技术、新品种的推广；有利于壮苗培育和质量追溯；有利于突发灾害的应急储备和应对；有利于种苗调剂、统一管理和集中调运；更符合现代农业生产的要求。

本书根据编者们多年的工作经验，总结了北方尤其是北京地区蔬菜集约化穴盘育苗过程中的关键技术环节，并用大量的图片加以说明，内容通俗易懂，也是对现阶段蔬菜集约化育苗技术的一个总结。蔬菜作物种类繁多，不同地区栽培的品种更是举不胜举，同时由于地域、季节、管理水平等的差异，育苗技术都会有或多或少的不同，本书并不能适应所有品种的育苗技术需求，仅供参考，由于水平有限，书中难免有错误或不足，请广大读者批评指正。

编者

2019 年 6 月

目 录

第一章 集约化穴盘育苗技术优势

第一节 北京市蔬菜集约化育苗技术发展沿革

蔬菜产业在京郊种植业总产值中占比较高，在农业生产和农村经济中具有不可替代的重要地位。随着设施蔬菜的发展，集约化穴盘育苗已经成为蔬菜产业的重要环节，秧苗质量决定着蔬菜的生长发育、产量和品质，培养优质壮苗是蔬菜产业发展的基础。

北京市农业技术推广站王树忠站长根据多年的实践经验，对集约化育苗技术发展沿革进行了总结和梳理："工厂化"和"集约化"两个名词均可用于蔬菜育苗技术，我国从 1976 年开始引进吸收工厂化育苗技术，1979 年在全国科研规划会议上确定蔬菜育苗工厂化研究为全国攻关协作项目之一，1980 年全国成立了蔬菜工厂化育苗协作组，开展了引进消化以轻型基质、穴盘育苗为主要特征的蔬菜工厂化育苗技术攻关，北京市以陈殿奎、李耀华为首的专家们在京郊花乡建立了我国第一座穴盘育苗生产厂，于 1987 年正式投产。但是区别于"工厂化"的概念，"集约化"更适合国内生产的现状。

进入 20 世纪 90 年代末，随着全国各地贯彻实施农业现代化、产业化步伐明显加快，各地都在积极调整种植结构，发展适度规模种植，引进先进科技成果，集约化穴盘育苗技术迎来了新的契机和发展机遇。蔬菜集约化育苗成为农业部 2008 年以来蔬菜产业的主推技术，各地也相继建立集约化育苗生产线，在 2010 年前后进入快速发展期，育苗市场消费主体不断壮大、育苗技术水平不断提高，基质、设备等相关产业迅速发展，育苗产业进入了产业化升级阶段。目前全国蔬菜移栽种苗需求量约为 6 800 亿株，集约化育苗供苗量约 1 000 亿株。

北京市的集约化育苗技术出现于 20 世纪 70 年代，经历了发展初期（1998 年之前）、稳定期（1998—2008 年）、快速发展期（2008—2016 年），2016 年至今，全市集约化育苗规模和数量趋于稳定，主要进行技术的提升和改进，处于技术提升期。

一、发展初期及稳定期的三大育苗工厂

20 世纪 80 年代，以北京市农业科学院蔬菜研究所陈殿奎和北京市农业技术推广站李耀华为技术引进负责人，分别引进了美国、欧洲共同体的成套育苗装备，建设了丰台区花乡育苗厂、海淀区四季青育苗厂和朝阳区育苗厂，引领了北京近郊区的蔬菜育苗向现代化发展。

1. 丰台区花乡育苗厂

率先引进美国成套育苗装备设施，是北京也是全国第一家采用机械化工艺流程的蔬菜商品苗生产厂家。1986 年秋建成试生产，1987 年正式投入育苗运营，出苗 200 万株，全厂占地面积 4 公顷，配置有种子丸粒化加工设备和种子精量播种两个车间，育苗车间为 3 000 平方米保加利亚大型璃温室和 10 000 平方米的塑料大棚，大棚配有暖气管道和行走式喷水车。正式运营后，以育苗为主，生产能力不断扩大，1987—1988 年春育苗 350 万株；1989 年起，年产苗都在 600 万株以上，最高年产 1 000 万株左右，加以多种经营，1990 年实现了经营有余，每个劳动力年创收达到 1.2 万元。

2.海淀区四季青育苗厂

1987 年建成，也是采用美国的成套育苗装备，是以种苗生产为主的育苗厂，投入运营后，主抓菜苗质量和优种优育，赢得一批回头客户，早春菜苗始终供不应求。

3.朝阳区蔬菜育苗厂

以欧共体援助"北京育苗项目"开展，引进欧洲共同体成套育苗装备和保加利亚温室，1989 年建成，占地 1.3 万平方米，其中法国与保加利亚温室 4 300 平方米，塑料大棚 5 000 平方米，北京改良温室 2 000 平方米。1990 年正式运营，年育苗量实际销售 170 万株，经测算，育苗厂实现盈利年需育苗量达到 500 万株及以上。此后，为降低开支，将原有的高温催苗改为大温差育苗，降低夜温和煤耗；用秸秆渣、蘑菇菌渣、酒糟、醋糟、稻壳等代替草炭，降低了基质支出成本，并在郊区进行了试验推广。

以 3 个育苗工厂的引进建成投产为节点，标志着北京集约化育苗进入新的阶段，2008 年之前，北京市全年集约化育苗量保持在 3 000 万株左右。

二、集约化育苗快速发展阶段（2008—2019）

2008 年之后随着个体经济的发展和政策资金的支持引领，北京市的蔬菜集约化育苗技术真正进入现代化阶段。

1.个体经营集约化育苗发展

2008 年，北京大兴区国平合作社建立，该合作社以专业化培育蔬菜秧苗为主体，是北京市个体经营最早的现代集约化育苗场之一。先后建成占地 12 亩的育苗基地，其中高性能育苗日光温室 4 栋，钢架大棚 2 栋，配备 1 800 平方米的育苗床架、半自动播种机、移动喷灌车等育苗设备，发展至 2018 年，已达到年培育优质秧苗 700 万株。合作社生产、销售的蔬菜秧苗,主要供应大兴区长子营镇及周边 400 余户共 1 000 亩(1 亩 ≈ 667 平方米,全书同)设施蔬菜的生产。

同年建立的大兴礼贤建平育苗场,是北京市首家集约化嫁接苗育苗场,主要以生产嫁接茄子秧苗为主,也开展番茄、黄瓜等作物幼苗嫁接,拥有自己的嫁接队伍,并能为其他育苗场提供嫁接服务,是北京市第一家专业化嫁接队。育苗设施占地 10 亩,配备 600 平方米的育苗床架、移动喷灌车等育苗设备,2018 年育苗量 640 万株,其中嫁接苗 470 余万株。

2009 年 11 月建立的旭日育苗场,是北京市发展规模最快的专业育苗场之一,占地 20 亩,育苗床架 6 000 平方米,建立之初年育苗量 60 万株,2012 年育苗量 300 万株,2018 年育苗量 1 120 万株,品种主要有番茄、芹菜、娃娃菜等,可以供应 3 500 亩蔬菜生产。

大兴区这三家集约化育苗厂,建立在新的育苗生产经营体制基础之上,有着强大的发展动力,为后来的北京集约化育苗再发展起到了很好的引领作用。

2. 集约化育苗技术的推广

2011—2016 年,在市级政府专项资金支持下,北京市建设了不同类型的集约化育苗场 69 家,以机器播种为主,采用穴盘为育苗容器,购置商品基质或自己配制育苗基质,经过连续几年的发展,大幅度提高了北京市蔬菜集约化育苗的水平。2011 年,北京市农业技术推广站恢复成立育苗技术科,并在小汤山特菜大观园设立集约化育苗示范基地,培训推广蔬菜集约化育苗技术。北京市农业技术推广站通过技术的引进、集成与推广,完善了北京市的集约化育苗技术体系,形成了《北京市蔬菜集约化育苗场建设标准》《蔬菜集约化穴盘育苗及嫁接技术规范》等 21 套技术操作规程，技术覆盖率达到90%以上，同时建立了年储备60万株蔬菜秧苗的应急保障体系，成为北京市蔬菜应急保障供应体系的重要组成部分。

集约化育苗技术紧紧围绕着适度规模化、标准化、轻简化、智能化、生态化等方面发展。主要技术包括智能环境控制、优良品种选育、基质穴盘肥料等投入品标准化管理、种子丸粒化、机器播种、变温催芽、水肥一体化管理、蹲苗炼苗、科学运输、生态植保、高效嫁接、环保采暖、品牌化经营等。

通过市场激励、扶持机制，育苗企业依靠科学技术，积极创立品牌、争创名牌，全市创建了"国平""旭日""建平""鑫福农业""玉蔬园""绿奥""绿福隆""风采军辉""永盛园"等10余个育苗场品牌，近两年又创建了"世同瓜园""四季阳坤"等多个育苗品牌，使北京市集约化育苗产业走上"品牌化经营、订单化生产"的道路。

第二节　蔬菜集约化育苗的优势

集约化穴盘育苗由于集中生产的特性，相比于传统分散育苗具有明显的优势。在节省成本方面，适度规模的生产模式可以同时购进大量种子、基质、穴盘、肥料等生产物资，降低价格、节约成本；在生产环节，标准化的生产可以节约用种量、增加机械使用率、减少劳动用工、提高土地利用率和水肥利用率、缩短育苗时间、提高秧苗质量、促进优良品种和先进技术的示范推广；在社会效益方面，生产环境更加整洁舒适，降低了工人的劳动强度，集约化穴盘育苗技术可以降低肥料、农药的用量，更加节水节肥，生态环保，符合农业可持续发展及现代化都市农业生产的需要。

土壤畦面育苗 营养土方育苗

营养钵育苗 育苗块育苗

生产技术上一般以穴盘为生产容器，轻型基质为填充物，连栋温室或者日光温室为主要设施，采用机械辅助播种、水肥一体化管理等技术环节，通过适度规模经营来提高效益的育苗生产手段。

优点：机械播种提高播种效率，移动喷灌提高水肥管理效率，生产管理标准化，节约人工成本，减少土传病害，单位面积产出率提高，苗龄适宜，移栽时不易伤根；适度规模生产管理，有利于提高育苗产业的抗风险能力，有利于新品种新技术的推广等。

集约化穴盘育苗

缺点：苗期时间较传统育苗延长 2~3 天，应注意合理安排播期；集约化育苗场建设时，机械、苗床等设施设备一次性投入成本相对较高，经测算，一般育苗生产企业，达到年产 500 万株以上时，基本可以盈利；因采用规模化生产方式，管理水平低时，容易传染病害而造成巨大损失。

第二章 集约化穴盘育苗技术配套设施

集约化穴盘育苗使用的配套设施主要有塑料大棚、日光温室和联栋温室。日光温室和联栋温室可以实现周年育苗生产，塑料大棚一般在夏秋季用于育苗。

第一节 塑料大棚

集约化穴盘育苗技术可采用日光温室和塑料大棚配合使用的方式，以降低设施环境控制难度，节省成本。单栋塑料大棚一般跨度4~12米，肩高1~1.8米，脊高2.5~3.2米，拱形屋顶或尖屋顶。

拱圆形屋顶塑料大棚　　　　　　　　尖屋顶塑料大棚

优点：适宜夏秋季育苗，受光均匀，且较日光温室更易于快速降低棚内温度。

缺点：适宜生产的时间有限，在最主要的冬春季育苗茬口无法使用，加温保温成本较高。

第二节　日光温室

　　日光温室是常见的育苗设施类型之一，适宜冬春季节生产。目前京津冀育苗场提倡采用大跨度日光温室，推荐跨度 10~14 米，脊高 4.8~6.5 米，如北京市昌平区小汤山特菜大观园育苗温室。还有部分育苗场采用半地下式日光温室，如通州大务育苗场，可以进一步提高其保温效能。

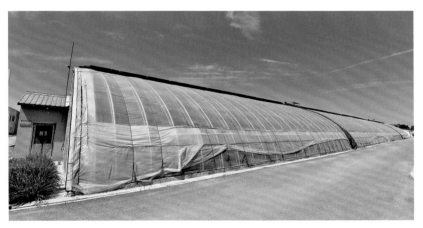

日光温室

　　优点：适宜冬春季育苗，保温性能好，能源消耗低，加温成本低于塑料大棚和联栋温室，大跨度日光温室内部空间较大，可以使用移动喷灌车、水肥药一体机等配套设备。

　　缺点：夏秋季育苗时降温困难，需要配套使用湿帘—风机系统等降温设备，降温成本较塑料大棚高。

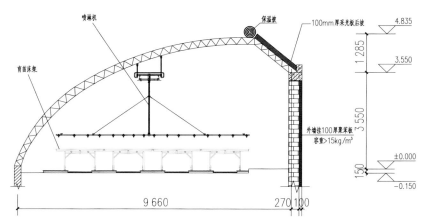

喷淋机　保温被　—100mm厚采光板后坡

4.835

1 285

3.550

育苗床架

外墙挂100厚聚苯板
容重≥15kg/m³

3 550

±0.000

150

−0.150

9 660　270 100

大跨度育苗专用日光温室（单位：mm）

大跨度育苗专用日光温室生产现场

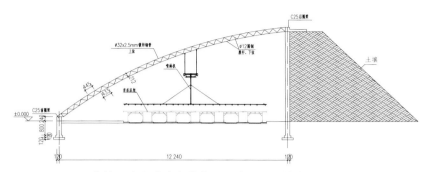

半地下式大跨度育苗专用日光温室（单位：mm）

半地下式大跨度育苗专用日光温室生产现场

第三节 联栋温室

联栋温室

联栋温室一般单个温室面积较大，采用玻璃或塑料板材等作为覆盖材料，具有采暖、通风、降温、灌溉以及人工补光设备等，环境调节能力较强，可周年生产，是进行集约化穴盘育苗的常用设施类型之一。

优点：光照分布均匀，有效育苗面积大，适宜安装吊轨式喷灌车等自动化设备，易于实现环境控制自动化、生产管理机械化及生产技术标准化，单位面积人工成本和管理控制成本较塑料大棚和日光温室低。

缺点：建造成本高，高屋脊类型温室热损失较大，冬季加温成本较日光温室高。夏季育苗需要配套使用湿帘、风机等降温设备，整体运行成本较高。

第三章　集约化穴盘育苗技术配套设备

第一节　设施环境调控技术配套设备

一、加温设备

1. 苗床下暖气

在苗床下方50厘米处，安装"几"字形暖气管路，由锅炉或空气热源泵供能，保持水温稳定，同时搭配轴流风机，使育苗设施内温度均匀。

苗床下暖气

2. 增温风机

增温风机是温室内新型加温系统，白天可靠太阳能累积增温，大大节约了能源和成本；阴天和夜间靠水暖小锅炉或空气热源泵，采用热水循环系统，并配合风扇散热，使温室受热均匀，达到温度一致。

增温风机

3. 秸秆直燃高效锅炉

秸秆直燃高效锅炉由燃烧系统、配风控制系统、水循环系统和除尘系统组成，既解决了秸秆随意燃烧造成的空气污染，又可以有效节约煤炭资源，改善大气环境。

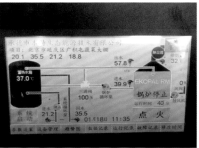

秸秆直燃高效锅炉及控制面板

4. 送风带

锅炉加热温室内暖气片，配合风机送风，暖风由风带固定出风口向温室内输出，起到高效加温作用。

送风带

二、降温设备

1. 外遮阳系统

外遮阳系统

在夏秋季育苗时，利用温室外遮阳系统，可有效降低温室内温度，减小光照强度，避免高温强光对蔬菜幼苗的伤害。遮阳网可以直接覆盖在设施表面或覆盖在设施外的支架上。用于大型的育苗设施时，可采用机械设备进行遮阳网的开闭，根据温室内温度和光照强度打开或关闭。

2. 湿帘—风机系统

在日光温室或联栋温室中，水帘和风机配合使用，分别安装于温室的两侧，一般情况下，水帘与风机的距离不超过 50 米。

温帘—风机系统

3. 顶窗及侧窗

在设施顶部、侧墙设置外开的窗户或风口，可以加强温室、大棚内的空气流通，保证冷热空气对流和气体交换。

顶窗及侧窗

三、除湿设备——静电除雾器

温室静电除雾器是一类能够降低温室内湿度的空间电场环境调控系统。静电除雾器建立的空间电场能够极其有效地消除温室的雾气、空气微生物等微颗粒，能够调节幼苗生长环境，显著促进幼苗生长，并能有效地预防气传病害发生。

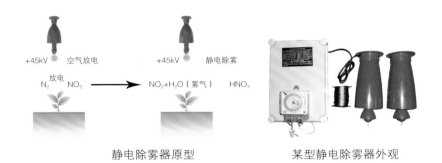

静电除雾器原型　　　　　　　某型静电除雾器外观

四、补光设备

连阴天和低温寡照环境条件极易造成蔬菜秧苗徒长与滞长、花芽分化质量差、坐果节位提早或延迟等问题。采用人工补光，可有效减少弱光对作物的影响，甚至可以提高光合作用，提高植株抗逆性。补光灯最常用的光源是 LED 补光灯，因其是冷光源，补光的同时不会改变温室内温度，并且可以根据不同作物需求调整光质、光强和光周期等。

补光灯

第二节　基质处理技术配套设备

一、基质搅拌机

基质搅拌机

育苗基质是影响穴盘苗生长质量的关键因素之一，只有经科学配比及搅拌均匀的育苗基质才能生长出苗壮优质的蔬菜种苗，因此营养基质搅拌是一个非常重要的环节，直接影响穴盘装盘、播种、后期养护及种苗的生长发育等。对于集约化穴盘育苗生产，靠人工处理育苗基质无法满足高效生产的需求，多采用基质搅拌机，可大大提高生产效率和搅拌的均匀度。如赛得林基质搅拌机 2YB-J10，适用于混合大部分基质配料，单次搅拌量可达 1 000 升，具有自动提升、出料、加湿等功能，可与播种流水线配套使用。

二、基质装盘机

基质的装盘质量直接影响到秧苗的出苗率，基质装盘机可以自动将育苗基质均匀地填充到穴盘中，解决采用人工装盘时，由于基质的物理特性和装盘环境，出现装不满、装不实，造成秧苗出苗率低等问题，同时可以提高工作效率。基质装盘机功能上可分为两种：一是半自动基质装盘机，基质箱位于机器顶部；二是全自动基质装盘机，包括进料仓、水平输料系统、斜输料系统、基质刷平系统和苗盘工作台，属于全自动播种流水线的一部分。

　　半自动基质装盘机，基质箱位于顶部的装盘机，输送装置依靠主体机架上的链轮及机架上定位装置带动穴盘向前移动，当穴盘移动到基质箱底部时，基质箱底部的皮带转动，使基质落入空穴盘中。此基质装盘机可大幅降低劳动强度，提高生产效率，但装盘方式过于粗放，多余基质需随运输链轮落入基质回收箱，待收集到一定量，倒入进料箱中。此类设备，由于基质箱容积有限，若大量作业，需不断添加基质。

　　全自动基质装盘机，包括进料仓、水平输料系统、斜输料系统、基质刷平系统和苗盘工作台。进料仓位于投料口的一头，斜输料系统位于另一头，基质通过水平输料系统被运输到斜输料位置，经料斗向上运输，落于苗盘工作台的空穴盘上，放置苗盘的链轮向前移动至基质刷平系统，刷板与穴盘上基质接触，刷平，使多余基质回到进料仓，完成基质装盘作业。优点：投料仓与回料仓合用，进料仓体积大，减少投料次数，降低劳动强度，提高工作效率。

半自动基质装盘机（一）

全自动基质装盘机（二）

三、基质辅助压穴工具

　　基质辅助压穴工具是一种借助外力完成压穴作业的工具，较人工手指压穴、穴盘叠落压穴效率高，压穴深度一致，有利于标准化生产。常用的压穴装置有可视手持压穴器和压穴机。

（1）可视手持压穴器。由压穴钉、可视穴板、弧形把手构成，主要适用中小型蔬菜作物的集约化穴盘育苗，经压穴后，穴孔为圆锥形，深度一致，中心位置最深，有利于种子落于穴孔中心，出苗后秧苗整齐一致。

（2）压穴机。依靠传送带上穴盘推动压穴辊转动压穴，同时在圆辊旋转方向上安装固定式板刷，可快速清理打孔针上黏滞的基质。如北京市智能装备中心研发的育苗穴盘辊式同步压穴机，主要由传送平台、打孔平台、电控系统和平台支架组成。传送平台包括传送带、导向杆和步进电机等，在传送穴盘进入压穴平台时，可控制传送速度，使穴盘之间保持一定间距，可以避免后续环节穴盘过于密集造成堵塞的状况；实现穴盘前进与压穴辊转动同步，以及压穴钉的清扫。

可视手持压穴器

辊式压穴机

第三节 播种技术配套设备

根据穴盘育苗播种机播种特点，目前主要利用真空吸附原理，有盘式（平板式）播种机、针式播种机、滚筒式播种机三大类，根据自动化程度不同，有手持式、半自动、全自动流水线三种类型。考虑到生产成本和生产效率，一般年育苗量 50 万~1 000 万的育苗场，采用半自动式播种机，生产 1 000 万株苗以上的育苗场使用全自动播种流水线。

一、手持式播种机

1. 手摇式高效穴盘播种机

主要分两部分，根据穴盘型号，上面为一个带孔（分别为 50 孔、72 孔、128 孔等）的播种盒子，通过手摇将种子分布在托盘预置孔中，错开托盘位置则种子从孔中掉下，再通过下面的导管装置落入到穴盘种子孔。优点是轻便、快捷、精确和无障碍，长期作业不会疲劳。

手摇播种机播种

2. 手持盘式播种机

盘式（平板式）播种机用带有吸孔的盘播种，通过自带电机真空泵在盘内形成真空，通过摇摆均匀吸附种子，再将盘整体转动到穴盘上方后，放开播种盘密闭孔，即可形成正压气流释放种子进行播种，然后回到吸种位置重新形成真空吸附种子，进入下一循环播种。如台州赛得林机械有限公司在国内率先生产的平板式播种机，其利用附加的电机真空吸附原理开发生产的盘式穴盘播种机，通过更换不同的盘式穴盘播种机面板来适合不同孔数规格的穴盘，每次循环可播种一整个穴盘。优点是播种速度高，一般为 180 盘 / 小时，熟练工可达 300 盘 / 小时，每个价格仅为 2 000 多元，性价比较高。缺点是形状不规则种子或过大、过小的种子播种精度不高，不同规格的穴盘或种子需要配置附加播种盘，且内置电机噪声大、盘片重，长时间操作劳动强度大。

二、半自动播种机

1. 半自动"翻盘式"穴盘播种机

针对普通盘式播种机精确度不高、操作不方便、劳动强度大等问题，台州赛得林有限公司开发出气吸式半自动"翻盘式"穴盘播种机，该机器的明显优点是采用机械手臂摆动式装置，可大大提高效率，播种速度为 200 盘 / 小时，减轻操作者的劳动强度（长时间播种频率较内置电机的平板式播种机明显提高）；播种精度大于 95％，对种子无损伤；可根据种子粒径大小，配备各种不同规格的播种盘，实用性强；具有种子回收装置，在播种结束后可以方便回收多余的种子，以避免浪费。

半自动翻盘播种机

2. 半自动针式播种机

针式穴盘播种机工作时利用一排吸嘴从贮种盘上吸附种子，当育苗盘到达播种机下面时，吸嘴将种子释放，种子经下落管和接收杯后落在育苗盘上进行播种，然后吸嘴自动重复上述动作进行连续播种。

针式播种机

半自动针式播种机是一种全气动自动完成播种作业的机器，种子吸附与释放通过真空负压装置将料槽内的种子吸附在吸嘴上，再通过摆动气缸运动到种子导向管上部，让吸种盘定位在盘上部，完成自动放种工序，种子的吸附力和释放力均可通过流量调整。当完成播种作业后，可通过种子回收罐将剩余种子回收。此类型播种机对异型种子的适应性较强，可通过更换针管和穴盘驱动板，完成多规格育苗穴盘播种作业。Agro Logistics 公司的 NS-30 型针式半自动播种机播种速度为 250~300 盘 / 小时，价格在 8 万元左右；浙江博仁工贸有限公司的 2YB-ZX20 播种速度 100~200 盘 / 小时。此

NS-30 型针式半自动播种机

2YB-ZX20 播种机

类播种机，操作简便，性能稳定，工作效率高，适用于小型育苗场播种需求。

三、全自动播种流水线

1. 针式播种流水线

针式播种流水线可实现基质装盘、真空针式吸附电脑程序控制精量播种、穴盘覆盖喷淋等全自动化流水线生产，从小种子到甜瓜等大种子均可播种，干净、规则的种子播种精度高。自动流水线的播种速度可达 2 400 行 / 小时，无级调速，能在各种穴盘、平盘或栽培钵中播种。缺点是针吸为机械摆动式，只能每行进行，限制了播种速度，如 72 孔穴盘为 12 行，效率也仅为 200 盘 / 小时，与盘式差别不大。

全自动针式播种机

2. 滚筒式播种流水线

全自动播种流水线是可以自动完成基质装盘、刷平、压穴、播种、覆土、喷淋、运送等播种全过程的机械。播种滚筒在工作时，由伺服电机带动滚筒转动，通过转换板中的负压孔与正压孔通孔配合，先在通孔中产生负压，将种子盒中的种子吸附在吸种

孔上，转动到育苗盘上方时再
通过滚筒内正压吹气，将吸种
孔上的种子吹落到育苗盘的穴
位中，然后滚筒内重新形成真
空吸附种子，进入下一循环的
播种。优点：一是播种准确率
高，圆形或丸粒化种子播种准
确率 ≥ 97%，辣椒种子播种准

滚筒式播种机

确率 ≥ 95%，番茄种子播种准确率 ≥ 90%；二是播种速度快，可
达 800~1 200 盘 / 小时，效率较高。

第四节　水肥管理技术配套设备

　　水肥管理是影响蔬菜秧苗质量的重要因素之一，常用的灌溉方
式有顶部灌溉、底部漂浮灌溉、底部潮汐灌溉。手持喷头顶部灌溉
是最灵活的灌溉方式，可灌溉苗床上任意一部分穴盘苗，但用工成
本高，且灌溉水滴大、浪费水源、易冲倒苗。近几年，移动式喷灌
机、苗床上自走水车等高效灌溉设备得到了广泛的应用，不仅灌溉
均匀、喷头雾化效果好，且节省人工。底部漂浮灌溉和底部潮汐灌

人工手持喷头顶部灌溉

移动式喷灌机顶部灌溉

溉，营养液从根部吸收，可保持植株叶片干燥，不易发生病虫害，同时营养液"零"排放，水肥利用效率高。采用机械设备进行作业，不仅可节省用工成本，提高生产效率，且灌溉均匀度高，有利于成苗整齐。

一、比例施肥泵

比例施肥器

比例施肥泵是一种靠水动力驱动的施肥装置，在使用时，串联或并联安装在供水管路中，利用管路中水流的压力驱动，将母液按照设定好的比例吸入泵体，与水混合后被输送到下游管路。

不管供水管路上的水量和压力发生什么变化，所注入浓缩液的剂量与进入比例

底部漂浮灌溉

底部潮汐灌溉

与供水管路并联安装

与供水管路串联安装

泵的水量始终成比例，可保证灌溉肥水浓度保持不变，施肥均匀。适用于手持喷头、自走式水车、潮汐灌溉等多种水肥一体化管理模式。

二、苗床上自走喷灌机

针对温室内多种类育苗的灌溉管理存在差异性，可利用苗床移动喷灌机进行分区灌溉。设备以苗床边框作为移动导轨，通过电机及可调式传动机构驱动喷灌机匀速行走，利用雾化喷头及加压设备使灌溉水高效雾化，实现育苗穴盘均匀喷灌，提高灌溉水附着率。使用该设备可实现高效省力化作业，工作效率与人工相比可提高2~3倍，节水30％。

技术参数：

电压	220VAC
功率	350W
作业速度	0~0.1m/s
灌溉压力	0.3~0.6MPa
喷头间距	250mm
单喷头流量	1.6~2.08L/min
灌溉幅宽	单个苗床宽度

三、悬挂移动式喷灌机

悬挂移动式喷灌机灌溉是目前集约化穴盘育苗场最主要的灌溉方式，又称移动悬杆喷雾（或悬挂移动式喷灌机），通过在移动速度均匀的悬杆上的雾化（水滴 200 微米）喷头形成均匀的水带，节省人工且用水效率高。自走式喷水车平均可比人工喷淋用水效率提高 15.7%，灌水速度提高 50% 以上。

喷灌机整体悬挂在温室上部的双轨道上，利用组合逻辑和电磁信号进行控制，并加装遥控装置，能够根据技术人员的选择实现正向运行、反向运行、连续喷灌、施肥，及相应的正向喷淋和施肥、反向喷淋和施肥，以及往返同时喷淋和施肥。喷灌机双臂喷灌管上每个喷头内有三种不同流量和雾化程度的喷嘴，轻转动喷头可选择适宜的喷嘴。

悬挂移动式喷灌机

四、喷灌车载注肥机

装置用于集约化温室育苗灌溉和水肥一体化喷施，整机架设在固定温室骨架的导轨上，通过驱动电机实现整机的自动行走，雾化喷头固定于苗床以上的标准高度，均布在喷杆上，可提高灌溉水的附着力及灌溉均匀性，控制系统采用 PLC 控制，提高了系统的稳定性，同时具有手动和自动运行两种模式，手动操作可使用远程遥控或者面板直接控制喷灌系统，自动模式可实现整机的自动停车或者自动往返作业，并利用灌溉计次功能，可根据灌溉量设置往返次数，实现育苗灌溉无人值守时的自动停止作业。相比人工可提高 2 倍以上的工作效率，节水约 30%，轻便省力，为生产者带来增效增收。

技术参数：

工作电压	AC220V
整机功率	0.3kW
喷杆长度	MAX 16m
供水压力	0.3~0.6MPa
最大流量	125L/h
最大速度	16m/min

五、底部潮汐灌溉系统

潮汐灌溉是针对盆栽花卉和蔬菜穴盘育苗所设计的底部给水的灌溉方式，运行时灌溉水或营养液经进水口流入栽培池或栽植床，液面达到一定高度后，维持一段时间（具体液面高度和维持时间，视栽培基质、植物种类及其生长发育阶段而定），持水量达到饱和

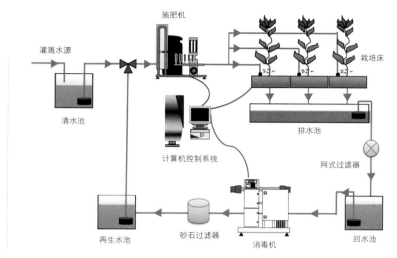

潮汐式灌溉施肥系统

以后，灌溉液由出水口经过滤、消毒系统回到储液罐，整个过程历经涨潮（灌溉）、落潮（回水）两个阶段，形似潮水涨落，所以称作"潮汐式灌溉"。根据栽培池特点的不同，潮汐灌溉分为植床式和地面式两种类型。植床式潮汐灌溉是指在农业设施中建造高出地面的栽培床或在悬空栽培设施中使用的潮汐灌溉；地面式潮汐灌溉是指在地面上建造的栽培池等地表面栽培设施中使用的潮汐灌溉。潮汐灌溉系统主要由动力系统、施肥系统、灌溉系统、储存系统、过滤消毒系统和智能监控系统六部分组成。

北京市农业技术推广站小汤山展示基地潮汐式育苗系统是基于植床式潮汐灌溉建设的，其中内部设施设备包括可升降、可移动苗床架，潮汐床箱（盘），智能施肥机，循环水泵，供回液水池，慢砂过滤系统，紫外消毒等。

1.潮汐育苗床

每个苗床单独控制，每个苗床都有供回液系统，均安装独立的电磁阀。如果是大面积生产，可以将苗床分区域控制，多个苗床同时控制。

苗床

（1）育苗床箱规格。采用3层共挤压和真空吸塑工艺，厚度3毫米，箱内设计有纵、横导流槽，下陷排灌水口区域。苗床尺寸4 450毫米×1 690毫米×70毫米，有配套快开阀，进、排水口分别与供水管和排水管相连，进行灌水和排水。根据温室实际使用面积，育苗床箱也可按需求定制尺寸。

（2）苗床骨架规格。苗床骨架为可移动式植床，苗床外框规格1.72米×4.5米，边框材质铝合金边框；潮汐苗床利用特型螺栓可在10厘米范围内轻松进行高矮调节，苗床左右移动采用滑轮，带动床箱左右移动约50厘米，目的是减少走路，提高温室建筑的利用率。

2. 管道

分为供水管、排水管和回水管，供水管用于输送灌溉水（或营养液）到潮汐盘，排水管用于排放潮汐盘中的灌溉余水，回水管用于输送灌溉回水（经处理的灌溉余水）到供液池。

供回液管道

3. 供回液池

按照生产所需用水量，设计供液池和回液池体积，一般需要一个供液池和一个回液池。潮汐床箱的营养液直接回到回液池，再通过水泵加到过滤消毒系统，然后进到供液池，调节 pH 值和 EC 值，在下一次的灌溉时，优先使用供液池的水肥。

4. 过滤消毒系统

回液消毒装置配备有慢砂过滤器与紫外消毒装置，通过物理的方式对回收的营养液进行消毒再利用。整套回液消毒装置含有第一

慢砂—紫外过滤系统

储液桶、三根并联慢砂过滤器、第二储液桶、紫外消毒装置，各部分通过管路连接，并配有阀门及液位传感器，以实现慢砂过滤过程的全自动运行与流速监测控制。慢砂过滤工艺参数：慢砂过滤设备总高约 3 米，由支架、操作平台、慢砂过滤罐组成；装置主体配备 3 个慢砂过滤罐；单罐体直径 305 毫米，高度 1 250 毫米，有效过滤面积 0.07 平方米；处理能力为 6~10 立方米 / 天。

5. 施肥机

施肥机由软件程序来控制潮汐式育苗水流和营养液配比等。该系统是由软件、硬件、传感器、灌溉控制及营养控制组成。在编程控制器上对灌溉施肥程序和营养液组分以及控制区域进行设置，实现人工参与的灌溉施肥管理，也可以直接选择控制器上设有的参数，继而进入全自动灌溉施肥模式。然后借助系统自带的吸肥系统将肥液与灌溉水融为一体，水肥一体化装备系统还具有以下主要功能和特点。

（1）采用精确配肥系统，能非常精确地对肥液进行配比，定时定量地进行灌溉。

（2）配置双路 pH/EC 检测电极，提高精度，减少错误率，使控制更精确，系统运行更加稳定。苗床的进、排水通过施肥机控制供回液管的电磁阀实现。

施肥机　　　　　　　　　　　　　原液桶

第五节　植物保护技术配套设备

蔬菜苗期相对较短，病害类型相对较少，生产中一般通过调节温度、湿度等环境条件，结合臭氧消毒、静电除雾等物理手段严控病害，化学药剂喷洒一般以预防性为主，温室消毒尤为重要，传统单人身背药箱打药的方式，一是工作强度大、效率低；二是药液雾化效果差，造成用药量偏大，因此要选择雾化效果好、工作效率高的植保设备。

喷药雾滴并不是越细越好，太细易飘散，药雾水分易蒸发，漂浮于空中不会下落；雾滴太粗下落快，沾在作物和病虫上的药很少。只有大小适中，在棚室的空中充分漂浮扩散，缓慢均匀降落，时间不长不短，农药浪费最少，以50微米左右为宜。

一、专用移动式高效水肥药一体机

育苗专用移动式高效水肥药一体机，车宽仅500毫米的小推车式设计专门适用温室，并可与育苗温室专用运输轨道通用连接，采用电力驱动，喷枪设3个喷嘴，高效雾化喷头可使药液雾滴粒径大小均匀，药箱容积125升，与30升的人工打药箱相比，工作效率成倍提高。

专用移动式高效水肥药一体机

二、背负式高效常温烟雾施药机

普通背负式喷雾器，由于雾滴大、不均匀，农药利用率很低，只有 30% 左右的药液落在植株上，喷一亩地往往需要两三个小时，特别费人工。使用背负式高效常温烟雾施药机射程可达十几米远，喷雾形成的雾滴直径微小均匀，平均直径 50 微米，比常规背负式手动喷雾器雾滴颗粒小近 10 倍，雾滴可在空气中飘散 30~60 分钟，将农药利用率提高 30% 以上，亩施药仅需 5~10 分钟，减少施药用工成本 70%，轻松方便、省时省力。

高效常温烟雾施药机使用方法

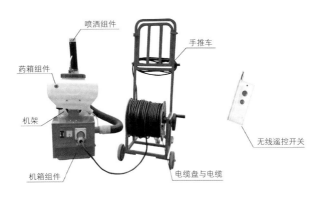

高效常温烟雾施药机结构

三、硫磺熏蒸器

苗棚中的硫磺熏蒸器

硫磺熏蒸器的工作原理是将高纯度的硫磺粉末（有的做成饼状）用电阻丝或灯泡加热直接升华成气态硫，均匀分布于相对密封的温室大棚内，抑制温室内空气中及作物表面病虫的生长发育，并在作物表面形成保护膜，起到杀菌和防病的作用。工作过程中，没有固态的硫磺洒落到作物表面，在花、果和叶片上没有残留，尤其对高密度的穴盘苗，对叶片背面的病菌、蚜虫及白粉虱的防治效果显著。根据温室情况，也可以加载其他具有升华作用的农药，如噻虫嗪、百菌清，使用灵活、高效。

四、臭氧发生器

制备臭氧及风机系统

臭氧发生器主要是利用臭氧强大的氧化作用，破坏细菌的氧化还原过程，抑制细菌的生长和繁殖，造成细菌死亡，属物理消毒杀菌方法。其工作原理是将空气中的氧气在高压、高频电的电离作用下转化为臭氧，臭氧气体可以直接利用，也可以通过混合装置和液体混合参与反应，达到杀灭病原菌的目的。进行作业时，应距蔬菜植株0.8~1米以上，熏蒸后需通风30分钟以后才可进入，防止引起人员中毒。

第六节　运输技术配套设备

一、秧苗催芽运输车

运输车主要应用于催芽室穴盘码放，穴盘运输，穴盘苗周转及展示所用，可减少人工搬运劳动强度，同时提高运输效率，降低用工成本，提高育苗效率。

运输苗盘　　　　　　　　　　　　催芽

二、苗床上运输车

苗床上运输车是可以在苗床上行走，完成穴盘苗或资材运输的一种轻简化设备。利用苗床床框作为行走导轨，依靠人工推力行进，使用灵活方便，提高了育苗温室内的运输效率。

苗床上运输车

三、温室内轨道运输车

温室内运输车是基于导轨行走的方式，通过在温室内后墙步道安装固定的轨道，实现运输范围涵盖温室东西方向全长。有些运输车上装有限位检测传感器，可通过摆放限位挡板，使运输车在任意预定位置自动停车，使用方便。此外，运输车还可作为搭载平台，将喷药设备等与其组合，满足多种作业需求，实现了大型育苗温室内物料和穴盘成苗自动化搬运，达到节省人力、高效运输的目的。

温室内轨道运输车

第七节 移栽技术配套设备

移栽种植作为我国蔬菜生产中的核心环节，在促进农作物早熟丰产、提高耕地复种指数、减少病虫害与降低管理成本等方面发挥了不可替代的作用。采用移栽机定植，较传统人工手工定植可提高移栽效率3~5倍，并且减轻了劳动强度，不用弯腰、下蹲，就可完成定植作业。

一、手持式定植器

手持式定植器是一种简易的蔬菜定植工具，适用于旱地先起垄后定植，尤其适合移栽穴盘苗。使用定植器进行作业时，可右手

将其锥形开穴器扎入土中适宜
深度，左手取苗放入定植筒中，
当穴盘苗落入底部，右手紧握
手柄下方的拉杆，打开开穴器
出苗口，顺势提起定植器，使
周围土壤回落，完成定植。定
植时，不需外部动力，手工操
作即可完成作业，便于携带，

手持式定植器

使用灵活，可有效提高定植效率，减轻劳动强度，适用于各种根坨
完整的穴盘苗。

二、移栽机

目前市场上常用的大田移栽机多为半自动移栽机，其栽植机构
需要人工投（喂）苗，移栽效率一般要高于人工作业的 5~15 倍，
能够有效解放劳动力，提高作业效率。半自动移栽机可根据栽植机
构区分为钳夹式移栽机、导苗管式移栽机、挠性圆盘式移栽机和吊
杯式移栽机等。

1. 钳夹式移栽机

钳夹式移栽机有圆盘钳夹式和链钳夹式两种，其主要工作部件
有钳夹、栽植圆盘（或者环形栽植链）、传动机构、开沟器和镇压
圆盘等。两种移栽机工作原理相似，机器开始工作时，人工把幼苗
放置到钳夹中，幼苗会随着钳夹转动直至钳夹打开，幼苗落入开苗
沟槽内，随后在回流土和镇压圆盘的作用下完成移栽。

该类移栽机的优点主要是机器机构简单，经济性高；幼苗栽
植的株距和深度稳定，栽植效果较好。缺点主要有不太适合钵苗移
栽；移栽速度较高时，易出现漏苗、缺苗等现象；不能进行膜上

移栽。

富来威 2ZL-2 链夹式移栽机

豪丰 2YZ-1 烟草秧苗移栽机

2. 导苗管式移栽机

导苗管式移栽机一般由喂苗机构、导苗管、扶苗器、开沟器

山东天鹅 WF 导苗管式移栽机

和覆土镇压轮机构等部件构成。其工作原理是当机器移栽工作时，由操作人员把幼苗投至喂苗器内，之后幼苗随着喂苗器转动至导苗管口处，通过导苗管下落至开沟器开出的沟槽内，然后再经过覆土和镇压等工序，完成幼苗移栽过程，该类移栽机国内代表机型有中国农业大学开发出的 2DF 导苗管式移栽机、黑龙江农垦科学院制作的 2ZB 型钵苗栽植机和山东天鹅移栽系统有限公司生产的 WF 导苗管式移栽机。

该类移栽机的优点主要是幼苗栽植株距和栽植深度一致性较

好；适应多种幼苗种类，不易伤苗。主要缺点有幼苗栽植的直立度不高；幼苗栽植株距调节比较困难，且受拖拉机前进速度影响较大；不适合膜上移栽作业，不易于大田旱地地区推广应用。

3. 挠性圆盘式移栽机

挠性圆盘式移栽机工作部件一般由输送带、挠性圆盘、开沟器和镇压轮等组成。其工作原理是机器开始移栽工作时，人工将幼苗摆放在输送带上，然后幼苗随着输送带运动至挠性圆盘中；挠性圆盘带苗运动至开沟器开出的沟槽处，然后把幼苗放入沟槽内，幼苗紧接着被后面镇压轮覆土镇压，完成移栽作业。目前国内成熟应用的机型相对较少，主要有乌盟农机研究所研制的 2ZT-2 型甜菜移栽机、北京农业机械研究所研制的 2ZG-2 型玉米移栽机和山东济宁市宁捷机械有限公司生产的双行大葱栽植机。

该类移栽机主要优点是机械结构相对简单，挠性圆盘材料一般为橡胶或者橡胶—钢板组件，成本相对较低；其栽植株距变化相对灵活，不受栽植机构限制；小株距作物移栽效果较好。主要缺点有栽植株距和栽植深度不稳定，变化较大；栽植圆盘受力循环变化，容易疲劳损坏；适用于小基质块苗或者裸根的长茎秆幼苗，栽植幼苗有一定局限性；需要开沟作业，不适宜用于膜上移栽。

4. 吊杯式移栽机

吊杯式移栽机主要由投苗筒、吊杯栽植器、栽植机构（圆盘或者多连杆）、传动机构、覆土镇压轮等组成。其工作原理是移栽机械开始工作时，操作人员把幼苗分别放入投苗筒内。当幼苗随投苗筒运动至落苗位置时，幼苗会下落至吊杯栽植器内，然后随吊杯以余摆线轨迹运动至栽苗地面，吊杯栽植器破土扎穴栽苗，在回流土和镇压轮作用下，完成移栽。该种机型移栽机械应用较多，国内常用代表机型有中机华联机电科技的 2ZB-2 型吊杯式移栽机、南通富来威生产的悬挂式吊杯移栽机、中国农机院研制的 2ZBX-2 型半自动膜上移栽机、青州华龙公司生产的 2ZY-2 型吊杯式移栽机和宝鸡鼎铎机械有限公司生产的 2ZB-2 型大田蔬菜移栽机，以及东风井关 2ZY-2A（PVHR2-E18）型蔬菜移植机和久保田 KP-200 半自动蔬菜移植机。

该类移栽机的优点是吊杯栽植器不对幼苗造成损伤，可栽植裸

华联机电 2ZB-2 型移栽机

富来威 2ZBX-2 移栽机

中国农机院 2ZBX-2 移栽机

鼎铎机械 2ZB-2 移栽机 -edit.jpg

井关 2ZY-2A 蔬菜移植机　　　　　久保田 KP-200 蔬菜移植机

根苗和根系较弱的钵苗，适应范围广；吊杯可破膜扎穴入土栽植幼苗，能够适用于膜上移栽作业；吊杯栽植器能够扶持和稳定幼苗栽植状态，幼苗栽植效果较好。其主要缺点有结构较为复杂，生产成本较高；移栽速度不宜过快，易出现撕膜现象；不适宜移栽小于10 厘米的小株距幼苗。

吊杯式移栽机不仅能较好地应用于根系不发达、易破碎的秧苗移栽，而且还能较好地应用在膜上和非膜上的钵苗移栽，目前市场上应用的机型多以吊杯式移栽机为主，下面以三种具有代表性的 2 行半自动吊杯移栽机为例进行对比分析与评价，其主要性能列入下表。

几种常用吊杯式移栽机性能列表

项目	华联机电 2ZB-2	鼎铎 2ZB-2	井关 2ZY-2A
长 × 宽 × 高（cm）	180 × 130 × 140	220 × 130 × 156	210 × 159 × 127
机体质量（kg）	400	320	240
动力	30~50HP 拖拉机牵引	48V/12IH 蓄电池	1.5kW 汽油机
轮距（cm）	8~12 可调	8~10 可调	每隔 5 cm 一挡可调

（续表）

项目	华联机电 2ZB-2	鼎铎 2ZB-2	井关 2ZY-2A
栽植行数（行）	2	2	2
行距（cm）	35	25~50	30~50
株距（cm）	25~50	10~60	30、32、35、40、43、48、50、54、60 共9挡可调
株距调节方式	更换齿轮	无极变速	齿轮挡位调节
适宜秧苗高度（cm）	5~15	4~25	10~33
栽植效率〔株/（行·h）〕	3 000~3 600	2 000~4 000	3 600
作业人数（人）	3	1	1
优点	可同时进行浇水和铺膜铺管工作，效率高，纯机械结构，维护操作简便	株距行距调节十分方便，结构小巧适应大棚作业	栽植效果精度高，前置导向传感器，在不平的地面栽植也可保证栽植深度一致

　　从移载机性能列表中可以看出，中机华联机电 2ZB-2 型移栽机可同时进行浇水和铺膜铺管工作，整体工作效率高，适合露地大面积蔬菜移栽，能够满足不同地区的作物栽植农艺要求；但由于其主要动力来源于拖拉机，需要拖拉机牵引工作，机器工作时整体尺寸较大，不方便小地块作业，且工作时需要 3 人同时进行作业，消耗人力资源较多，综合效益有待提高。鼎铎机械的 2ZB-2 型移栽机依靠自身电力驱动工作，仅需 1 人即可完成 2 行移栽作业，株距可实现无级调节且株距调节范围较大，结构小巧可适用于大棚作业；但由于蓄电池大小限制，充满一次电仅可运行 4 小时，不适用于大田连续作业。井关 2ZY-2A 型蔬菜移栽机动力来源于自身发动机，机器结构紧凑，机身整体尺寸较小，机器操作简单，1 人即

可完成工作，移栽效率较高，且株距、行距可调范围较广，调节较为方便，能够较好地应用于大田和温室大棚移栽作业，该机型有前置导向传感器机构，能够保证机器在不平整的地面移栽时幼苗栽植深度的一致性、移栽效果好，且有效工作度（纯作业时间占总时间比值、抛去修理掉头等时间）高达90％；但该机型结构较为复杂，生产和维护成本较高。

第四章　集约化穴盘育苗关键技术

第一节　育苗前准备

一、棚室消毒

作用：杀灭残留在棚室墙壁、棚架、棚膜等表面的病原菌、小型害虫、虫卵等，减少病虫源数量，降低后期发病率。

棚室喷药消毒

使用要点：根据 NY/T 2312—2013 相关标准，选择高温闷棚、药剂熏蒸、药剂喷雾等方式进行苗棚消毒。① 高温闷棚法，选择夏季高温休苗期的连续晴好天气，室内地面洒水，密闭育苗设施，连续闷棚 15 天以上。② 药剂熏蒸法，按每 1 000 平方米设施内部容积计算，将 0.8 千克甲醛加入至 4.2 升沸水中，再加入 0.8 千克高锰酸钾，连续熏蒸 48 小时。③ 药剂喷雾法，用广谱性杀菌剂，如 75% 百菌清可湿性粉剂 500 倍液、50% 多菌灵可湿性粉剂 500 倍液喷雾。

农用芥末就是辣根素，是基于生态环保的一种新型生物农药，含量是调料芥末油的 1 000 倍甚至数千倍，几乎所有真菌、细菌、病毒、线虫、杂草都可杀灭。

使用方法：20% 辣根素水乳剂 1 升 /667 平方米，每升制剂对水 3~5 升，采用常温烟雾施药机等器械在苗棚内均匀喷施，施药后密闭熏蒸 12 小时。

由于辣根素（农用芥末）等具有刺激气味，使用时要注意防护，最好采用专业的防毒面具，穿好防护服，戴好手套，喷施完成后密闭温室，并迅速离开。熏蒸结束后在有防虫网的保护下开启风口通风，温室内没有气味时才可进入操作。

二、基质消毒

作用：通过消毒，杀灭基质中携带的病原菌、小型害虫、虫卵等。

使用要点：常用消毒方法包括蒸汽消毒、药剂消毒等。在进行药剂消毒处理时，可选用 20% 辣根素水乳剂，稀释300~500 倍，用喷壶等将基质

基质消毒技术

均匀喷湿，所需药液量一般为 15~25 升 / 立方米。用塑料薄膜覆盖封闭 24~48 小时后揭膜，将基质摊开，晾晒 5~7 天后方可使用。

三、苗床选择

直接把育苗盘放在做好的畦里，植株的根部会从穴盘底部的排水孔长出来，起不到隔离田园土、控制土传病害的作用，另一方面在出苗时，由于根系下扎到土壤里，会造成伤根。

因此，在保证透水透气的同时要把穴盘与土壤隔离。

育苗盘

常用的隔离方法有膜片（地膜、棚膜、地布、遮阳网、防虫网等）隔离、砖块隔离（红砖、透水砖等）、简易床架（铁网架、竹排架、木架）隔离等。

竹排架

木架

棚膜

砖块隔离

热镀锌可移动苗床是现代集约化穴盘育苗的主要苗床形式，主要组成部分包括支撑结构、网架结构、滑动结构，均由热镀锌材料构成，具有耐腐蚀、抗老化、耐酸碱、不褪色，表面平整、光亮、手感舒适、移动方便等优点。一般床架在日光温室东西方向延长设置，联栋温室南北方向延长设置，单组床架高 700 毫米，宽 1 700 毫米，长度根据温室长度而定，15 000~25 000 毫米。

热镀锌可移动苗床

四、穴盘选择

育苗穴盘一般有轻体、常规两种，采用聚苯乙烯材料制成，标准尺寸为 540 毫米 × 280 毫米，常用规格的穴盘孔穴数在 28~200 穴。

类型	材质	重量 / 规格	效果
轻体穴盘	PVC 聚氯乙烯	90g/ 张	一次性使用不回收、价格低
常规穴盘	PS 聚苯乙烯	170g/ 张	可回收重复使用 2~3 次

选择时根据种植茬口和作物品种，选择适宜的穴盘规格。当达到定植标准后，小苗相较于大苗有更好的根系活力，并能够更好地提高单位育苗面积的产出率，因此建议选用更多孔穴的穴盘，并适时定植。

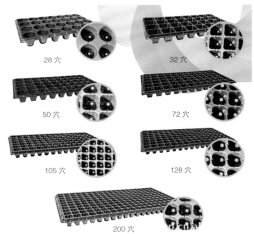

28 穴　　32 穴　　50 穴　　72 穴　　105 穴　　128 穴　　200 穴

空盘（注：图片来源网络）

北方地区常用穴盘规格如下：

蔬菜种类	茬口	育苗期	定植期	一般常见规格（孔）
番茄	早春	11 月上旬至翌年 3 月中旬	1 月上旬至 4 月下旬	50~72
	秋冬	5 月上旬至 9 月中旬	6 月中旬至 10 月中旬	72
黄瓜	早春	12 月上旬至翌年 2 月上旬	2 月上旬至 3 月下旬	50
	秋冬	5 月上旬至 9 月中旬	6 月中旬至 10 月中旬	50~72
辣椒	早春	11 月下旬至翌年 2 月中旬	2 月上旬至 4 月下旬	72
	秋冬	5 月上旬至 7 月中旬	6 月中旬至 8 月下旬	105
茄子	早春	11 月上旬至翌年 2 月上旬	2 月上旬至 4 月下旬	50~72
	秋冬	5 月上旬至 7 月下旬	6 月下旬至 8 月下旬	72
叶菜	早春	1 月上旬至 3 月中旬	2 月上旬至 4 月上旬	105
	秋冬	5 月上旬至 9 月中旬	6 月上旬至 10 月中旬	128~288

五、穴盘清洗

工厂化育苗中使用的 PS 吸塑盘常温下不可降解，且使用过的穴盘残留基质中常含有害病原菌，影响种子出苗质量，重复使用前需进行清洗消毒处理。传统手工毛刷清洗方式劳动强度大、效率低、易伤盘，且部分基质固结不易洗净，穴盘清洗机采用物理水压清洗消毒方式，自动化程度高，具有高效环保的优点。机器配有清洗和消毒两个系统，其中清洗系统通过四个可旋转的不锈钢喷嘴，对穴盘各个部位进行清洗；消毒系统采用固定在消毒槽上喷嘴对穴盘进行消毒。循环水箱的使用保证了消毒液和清洗水的循环利用，输送机构可匹配不同规格尺寸穴盘，提高了机器经济性和适用性。清洗效率最高可达 1 200 盘 / 小时，清洗洁净率大于 98%。

技术参数：

电源　　　　　　　380V/50Hz/16A

水源压力　　　　　0.3MPa

长 × 宽 × 高　　3 650mm×800mm×1 400mm

重量　　　　　　450kg

六、基质选择

集约化穴盘育苗，最关键的技术因素之一就是基质的理化性质，理化性质的适宜与否直接关系到穴盘苗的出苗、株型、水肥调控、田间管理、病害防治等环节，可以说是"基质不适毁所有"。

适宜的育苗基质要求粒径适宜、通透性好、pH 值适宜、具有一定的保水保肥能力、不含有害物质、缓冲能力强等，营养成分可根据生产经验自行掌握。根据 NY/T 2118—2012 规定，育苗基质的物理和化学性质应该符合以下标准：

项目	指标
容重（g/m^3）	0.20~0.60
总孔隙度（%）	>60
通气孔隙度（%）	>15
持水孔隙度（%）	>45
气水比	1 :（2~4）
相对含水量（%）	<35.0
阳离子交换量（以 NH_4^+ 计）（cmol/kg）	>15
粒径大小（mm）	<20.0
pH 值	5.5~7.5
电导率（mS/m^3）	0.1~0.2
有机质（%）	≥ 35.0
水溶性氮（mg/kg）	50~500
速效磷（mg/kg）	10~100
速效钾（mg/kg）	50~600

　　常用的育苗基质一般由草炭、蛭石、珍珠岩等成分构成，近年来由于草炭资源的紧缺，也使用椰糠、菌渣、秸秆等材料取代部分草炭，并适当添加肥料，保证秧苗前期的养分供应。

七、肥料选择

　　集约化育苗过程中的肥料多选择氮（N）：磷（P）：钾（K）配比为 20：20：20 左右的复合肥，并添加适当的钙（Ca）、镁（Mg）、硫（S）、铁（Fe）、锰（Mn）、锌（Zn）、硼（B）、钼（Mo）、铜（Cu）等中微量元素。施用浓度根据穴盘苗生长情况 1‰~5‰不等。

八、种子选购与测试

1. 种子选购

　　选用种子时一定选用正规公司销售的在保质期内的种子，颜色正常，籽粒饱满、大小均匀，无杂质，育苗数量较大时，要保留一部分种子密封、标记、留存，做备份处理。

种子质量较差　　　　　　　　　　种子质量较好

2. 种子发芽率和发芽势测定

"发芽率"是指在常规发芽试验中第 7 天时已发芽的粒数占总供试粒数的百分比，即在第 7 天时 100 粒种子有多少粒出芽。

"发芽势"指在发芽试验中第 3 天出芽的粒数占总粒数的百分比。发芽率能近似地反映出苗率，发芽势表明种子的活力高低。发芽势高的种子，其种子的活力高，出苗齐而壮，而发芽率高的种子出苗率高，但苗不一定整齐，也不一定粗壮。

种子发芽率、发芽势不同造成发芽后长势不同，增加后期调苗的工作量。

具体检测方法参照 GB/T 3543.1—1995 的相关规定。

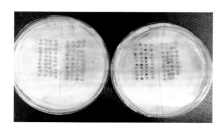

种子发芽测定　　　　　　　　　　种子引发催芽

种子质量不同造成穴盘苗出苗不一致

九、种子处理

种子处理是利用物理、化学或生物等因素（如晒种、浸种、药

剂处理、微波或辐射处理等），对播种材料进行消毒，减少播后病
害的发生，给予某种刺激或补充某些营养物质等措施的总称。常用
的种子处理方法包括：热水浸种、高温浸种、干热处理、低温处
理、冷冻处理、变温处理、干制处理、磁化处理、药剂处理、包衣
剂处理、丸粒化等。种子处理能刺激种胚，提高酶活性，加速贮藏
物质的转化，提高种子生活力，防治某些病虫害等。采用生物学、
化学、物理学和机械的方法处理种子的设备，统称为种子处理设
备。常用的种子处理设备包括种子消毒设备、种子包衣设备、丸粒
化设备和催芽设备等。

1. 种子消毒

药剂拌种是常用的种子消毒方法之一，适合对大批量的种子
进行处理，时间短，效率高，对种子本身具有消毒作用，药效长。
在药剂拌种的过程使用种子拌药机，可提高掺拌效率，降低劳动
成本，减少人工拌种造成的药剂浪费。常用的种子拌药机料桶容
积 50 升，1 千克拌种剂可拌 60 千克种子，每次 1 分钟，电机功率
2.2 千瓦，能提高拌种剂的使用效果。

种子消毒（济南伟丽育苗场）

作用：根据种子可能传带的病虫害，选择温汤浸种、酸处理或

碱处理等进行种子消毒，不同的品种处理方法不同。

使用要点：① 温汤浸种，55℃左右温水浸泡种子 15~30 分钟，防治种传真菌性病害。② 酸处理：1% 盐酸溶液或 1% 柠檬酸溶液浸泡种子 40~60 分钟后用清水洗净，防治种传细菌性病害。③ 碱处理，使用 10% 磷酸三钠或 2% 氢氧化钠溶液浸泡种子 30 分钟后洗净，防治种传病毒病。

2. 种子引发

是指通过可控条件（如慢速定量吸水和逐步回干等），为种子萌发进行不引起伤害的播前预处理技术。基于这一概念而发明的种子引发方法主要有水引发、滚筒引发、渗调引发、固体基质引发、生物引发和膜引发等。种子通过引发，可有效打破休眠，增加种子活力，促进萌发潜力。研究表明，成功被引发的种子的抗性、耐低温性、活力、萌发率、出苗整齐率、成活率均得到有效改善。

3. 种子丸粒化

种子丸粒化是种子包衣剂处理的一种，是指通过丸粒化包衣机和包衣技术，将小粒蔬菜种子或表面不规则的蔬菜种子表面包被一层较厚的包衣填充材料（包括化肥、农药、植物促生长因子等），在不改变原种子生物学特性的基础上形成一定大小和强度的种子颗

未丸粒化生菜种子

丸粒化生菜种子

粒，以增加种子质量和体积，便于机械播种，做到一穴一粒，提高播种效率和效果。

种子丸粒化机包括：供液体系统、粉剂投料装置、丸粒化处理筒、出料通道和排尘系统组成。进液泵可以控制进液流速，称量进液量；粉剂投料装置可定量向丸粒化处理筒投料；丸粒化处理筒作业时高速旋转，经过精选的种子在处理筒的作用下分散旋转，包裹液体后与粉剂接触混合，经过包裹形成丸粒后，从出料通道取出烘干；作业时产生的粉尘，经排尘系统的过滤，回收处理后再利用。

种子丸粒化机

第二节　播　种

一、机械播种技术

根据调研得知，在北京市蔬菜集约化穴盘育苗技术中，人工成本占到总成本的 25%~35%，随着集约化穴盘育苗量的增加，播种环节需要的人工也在持续增加。

理想状态下每个工人工作 8 小时大约可以播种 1 万穴，20 万以上的订单，需要多天或者多人播种才能够保证订单按时完成。半自动播种机的播种速度是人工的 13 倍以上，可以提高播种效率，满足大额订单的需求。自动化机器播种符合农业现代化的建设要求，符合农业农村的振兴计划，更加符合集约化育苗场的发展需求，在提高播种效率的同时，降低了生产成本，尤其是人工成本，同时播种过程具有实用性、可视性、方便调节等特点，可以引领行业的发展，起到了示范带动作用。

不同播种机播种情况与人工比较

项目	播种流水线	半自动播种机	人工播种
播种效率（盘/h）	450	300	15
漏播率（%）	0.95	1.90	1.90
重播率（%）	0.95	2.90	3.43

1. NS-30 型播种机

NS-30 型播种机是一款半自动播种机。采用气吸式播种，手动码放穴盘、自动冲穴、自动播种。可按照穴盘规格挑选不同推进杆、播种针杆、种子导管、排式冲穴器和排种机。播种速度限制于操作人员摆放、码放穴盘的速度，按照工作台的人性化设计，能达

NS-30 型播种机

到 120~160 盘 / 小时（105 穴）。适用于大部分小粒蔬菜种子，包括不规则形状种子，播种同质性强、效果好，使用高标准种子，重播率和漏播率均在 5% 以下。

2. M-SNSL200 型全自动滚筒式播种流水线

M-SNSL200 型全自动滚筒式播种流水线是从意大利引进，采用滚筒式播种，适合于蔬菜种子的大量播种工作，主要由基质填充机、播种机、蛭石覆盖机和浇水管道四部分组成，配有 72 穴、105 穴、128 穴、200 穴，4 套滚筒及压穴装置，适用于大部分蔬菜种子。流水线播种速度最高为 800 盘 / 小时（流水线长 × 宽 =10 140 毫米 ×1 980 毫米）。播种后的穴盘直接摆放在育苗车上，集中催芽或运输到育苗床。

基质填充机

压穴部件

播种机

覆土部件

浇水部件　　　　　　　　　育苗车（催芽车）

M-SNSL200型全自动滚筒式播种流水线

二、催芽技术

　　机器播种技术的引进大幅度提高了蔬菜集约化穴盘育苗的播种效率，但是使用播种机播种需要干种子才能操作，对于不需要催芽的蔬菜品种影响不大，但是对于茄果类或者是出芽困难的蔬菜，比如炎热季节的叶菜出芽及冬季果菜出芽就有了限制。为了促进种子萌发、缩短育苗时间、降低育苗成本，北京市农业技术推广站开发了配套的催芽技术，通过智能催芽室实现催芽的技术需求，可以使机器播种育苗的效率进一步提高。以北京市农业技术推广站昌平小汤山展示基地催芽室为例进行介绍。

1. 催芽室规格

内部长 6 960 毫米，宽 4 640 毫米，顶高为 3 000 毫米，面积为 33 平方米，每间催芽室内可摆放育苗车 27 台，每台育苗车可以摆放穴盘 45 盘，采用 128 孔穴盘单层摆放时，单批催芽量为 1 215 盘 × 128 穴 =15.55 万株。

2. 建筑材料

围护材料：四周 10 厘米墙面用采聚氨酯夹芯板，内层为不锈钢，顶部 10 厘米屋面采用聚氨酯板；混凝土地面，地面做排水坡度和排水沟；门采用标准单扇推拉冷库门。

3. 温度调节

温度采用中央空调集中控制，可以很好地满足催芽室的温控要求。

4. 湿度调节

采用雾化喷头加湿，加湿效率高，开启加湿器后可以在很短的

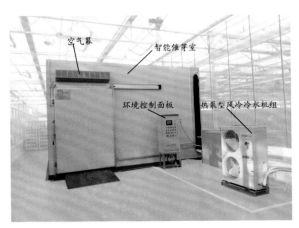

智能催芽室

雾化喷头   诱导风机

时间内使室内湿度达到要求数值，同时，喷雾喷头有一定的工作压力，可以将雾气喷射一定距离，这样就能有效地增加湿度均匀性。

为使室内温湿度均匀，设两台诱导风机，以保证室内温度、湿度的均匀。催芽室门上安装一台轴流风幕，并与门的开关状态连锁：门打开时，启动风幕机；门关闭时，关闭风幕机。以减少由于门的开启对室内温湿环境的破坏。

5. 照明及补光设备

采用双管防爆型荧光灯，功率为 36 瓦。荧光灯布置在顶部及四周墙面，一方面为需要时补光，另一方面为种植人员提供工作照明。灯具采用增加电容补偿的电感型镇流器，全密闭型荧光灯。

6. 控制系统

智能催芽室的控制系统由 PC 机完成，具有完善的内存管理和友善直观的操作界面。控制器嵌在配电箱面板上，便于操作与观察。配电箱面板上的所有设备均为触摸式控制，可以手动及自动转换操作，方便使用。

第三节　出芽管理

适宜的温度、充足的水分和氧气是种子萌发的三要素。

种子拱土

种子发芽时，湿度要保持在 95% 以上。不同蔬菜需要的出芽温度不同，一般喜温蔬菜控制在 25~30℃，喜凉蔬菜控制在 15~25℃。

种子拱出时，尤其是瓜类种子，出土后种皮不脱落，子叶无法正常伸展的现象，称为"戴帽"出土。"戴帽"出土通常是由于种子活力差、育苗基质含水量过低或者播种深度过浅造成，因此，种子拱土时，基质的表层一定要保持湿润，避免种皮变干"戴帽"，一旦发现"戴帽"现象要在清晨相对湿度大时轻柔地去掉种壳，避免后期对子叶生长造成影响。

"戴帽"出土

种子拱土出苗

种子将要拱土（弯腰—直腰）直到出齐苗，控制水分并通风，控制温度在适宜温度的下限，减少下胚轴伸长，避免形成"高脚苗"或"徒长苗"。

穴盘里60%的种子开始拱土时，可以揭去覆膜，避免薄膜烤苗。

第四节　幼苗发育前期管理

幼苗发育前期根系和叶片同时生长，是培育壮苗的关键时期，此时应"促根控旺"，促进根系发展，调控叶片生长，管理要点为：控制温度和水分、增强光照、缺肥时及时追肥。

株型调控：生长调节剂在植物生长发育中具有重要作用，根据其对植物的作用方式和生理生化功能分类，可分为植物生长促进剂、植物生长抑制剂和植物生长延缓剂三大类。植物生长促进剂有利于新器官的分化和形成的化合物，能促进植物生长；植物生长延缓剂有利于提高植物抗逆性和抗倒伏性，可抑制作物节间伸长，增加作物产量；植物生长抑制剂可以延缓植物的营养生长，提高地下部分的产量和品质。

使用调节剂调控株型时，应遵循少量多次，切忌一次浓度过高，喷施过量。

市场上很多叶面肥料都含有部分调节剂，建议小面积试用无害后，再大面积使用。

调节剂过量　　　　　　　　　　正常秧苗

第五节　成苗期管理

成苗期秧苗需要大量的营养物质，属于迅速生长期，既要增加叶片的生长量也要避免徒长。成苗期的管理要点为：白天加大通风量，夜晚尽量降低温度，在最适生长温度的下限。降低夜温有利于营养物质的积累，同时也不宜过低，以免影响花芽分化形成畸形果或者造成部分叶菜定植后春化抽薹。

一、温度管理

瓜类和茄果类蔬菜苗期低温主要影响第一朵花或者第一穗花的

花芽分化，如番茄 2~3 片真叶时持续夜温 12℃以下会造成第一穗花畸形，形成指突果、大疤果、顶裂果等。

番茄苗期低温造成第一穗花和果实畸形

部分叶菜类蔬菜苗期持续低温容易造成定植后植株抽薹，降低商品品质。一般情况下在感知春化温度范围内，温度越低，春化完成的时间越短；另一方面由于同一种蔬菜不同品种的早熟性不同，相同春化温度时，早熟性越好，春化时间越短，反之春化时间长。

芹菜育苗时，一般播种后 30 天，4~6 片真叶时开始感受低温，在 10℃以下，持续 10~15 天即可完成春化作用。

生菜育苗时，播种后 48 小时之内拱土发芽，最适发芽温度 15℃，低于 5℃发芽缓慢，高于 30℃发芽受阻，发芽时适当增加光照，可以更好地发芽。成苗生长适温 12~20℃，可耐 –4℃的低温。经历低温并不是生菜由营养生长转变为生殖生长的唯一条件，还需要有长日照条件才能促使生菜抽薹开花。在生菜发芽后 4~6 周时对光照较为敏感，此时如果对生菜进行短日照处理，会大大降低生菜定植后的抽薹现象，因此春季种植生菜时应避免定植后高温长日照，否则极易发生抽薹，丧失商品价值。

二、肥水管理

一般秧苗长出 1~2 片真叶后，开始追肥，追肥浓度根据秧苗大小不等，浓度过高容易烧苗，浓度过低容易徒长。小苗时每隔 3~4 天浇一次肥水，可以使用氮磷钾比例 20 ∶ 20 ∶ 20 的均衡三元肥，并添加铁、钙、镁、硼等中微量元素，浓度 1‰~2‰，成苗期可以使用 3‰~5‰浓度的肥水取代清水。

三、光照管理

蔬菜按照对光照强度的要求大致可以分为 3 类：阳性植物（喜光植物）、阴性植物和中性植物。

西瓜、甜瓜、番茄、茄子等都要求较强的光照，光饱和点在 6 万勒（lx）以上，光照不足会影响秧苗生长；大部分绿叶菜和葱蒜类比较耐弱光，光饱和点在 2.5 万 ~4 万勒（lx），属于阴性植物；黄瓜、辣椒、甘蓝、白菜、萝卜等蔬菜对光照的要求介于阳性和阴性之间，光饱和点在 4 万 ~5 万勒（lx）属于中性植物。育苗过程中要根据植物需求调节育苗温室光照。

第六节　出圃管理

一、蹲苗炼苗

设施内培育的秧苗一般情况下比较柔嫩，出圃定植前要提前 5~10 天炼苗，主要为加强光照、加大通风量、适当控温、控水。尤其是定植到露地的秧苗，最好放置到需要定植的地块，提前适应环境。经过炼苗后，秧苗体内的干物质积累量增加，自由水含量下降，适应性增强，减少定植后缓苗的时间。

在定植前 7~10 天，延长风口放风时间，基质含水量控制在 50% 左右。根据穴盘苗种类不同，大部分叶菜温室温度白天保持在 15~17℃，夜间 12℃，定植前 3 天夜温可以降至 0~5℃炼苗；大部分果菜温室温度白天保持在 18~22℃，夜间 15℃，定植前 3 天夜温可以降至 5~10℃炼苗。

二、药剂处理

作用：在秧苗出圃前 24 小时，选择广谱药剂，对秧苗进行一

次细致预防，确保秧苗出圃时不带病虫。

使用要点：移栽前用寡雄腐霉、枯草芽孢杆菌、特锐菌等进行蘸根或苗床灌根，预防土传病害，增强抗病虫能力；选用广谱性的杀菌和杀虫剂进行一次细致的喷雾预防。

三、定植深度

穴盘苗的定植深度一般为基质坨上1厘米，不宜定植过深，尤其是嫁接苗，定植深度不应超过接合位点，定植时要镇压一下基质坨周边土壤，定植后应及时覆土、浇水，避免秧苗根部暴露在空气中。

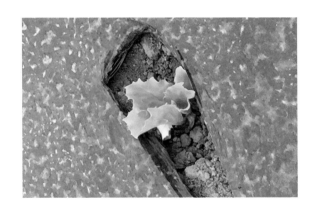

第五章　集约化嫁接育苗技术

第一节　适时播种

根据不同嫁接方法的技术要求，砧木和接穗同期播种或错期播种（不同品种略有差异），同时还需根据蔬菜生长特性的不同，选取不同的穴盘规格播种砧木和接穗。

主要果类蔬菜嫁接砧木、接穗适宜播期如下：

接穗	砧木	砧木的播种期（相对于接穗播种期）			
		靠接	顶插接	劈接	贴接
黄瓜	南瓜	晚播 3~4d	早播 1~2d	—	同时播种
茄子	果砧 1 号	早播 3d	—	早播 3d	早播 3d
	茄砧 1 号	早播 20~25d	—	早播 20~25d	早播 20~25d
	托鲁巴姆	早播 25~30d	—	早播 25~30d	早播 25~30d
辣椒	格拉夫特	—	—	早播 3~5d	早播 3~5d
番茄	果砧 1 号	—	—	—	早播 2d

一、黄瓜砧木及接穗

（1）黄瓜砧木一般为白籽或黑籽南瓜，采用 50 孔或 72 孔穴盘播种。采用顶插接嫁接方法，砧木嫁接适期为第一片真叶露心，茎粗 2.5~3.0 毫米；采用贴接嫁接方法，砧木适期为第一片真叶出现，茎粗 2.5~3.0 毫米。

黄瓜砧木

（2）黄瓜接穗采用 105 孔穴盘或者平盘播种，嫁接适期为子叶变绿展平，茎粗 1.5~2.0 毫米。

黄瓜接穗

二、番茄砧木及接穗

（1）番茄砧木可以采用果砧 1 号等品种，较接穗提前 2 天播种，采用 72 孔穴盘，嫁接适期为 4~5 片真叶，高 15 厘米左右，茎粗 2.0~3.5 毫米。

番茄砧木

（2）番茄接穗采用 72 孔或 105 孔穴盘播种，嫁接适期为 4~5 片真叶，高 15 厘米左右，茎粗 2.0~3.5 毫米。

番茄接穗

三、辣椒砧木及接穗

（1）辣椒砧木可以采用格拉夫特等品种，较接穗提前 3~5 天播种，采用 72 孔穴盘，嫁接适期为 4~5 片真叶，高 15 厘米左右，茎粗 2.0~3.5 毫米。

辣椒砧木

（2）辣椒接穗采用 72 孔或 105 孔穴盘播种，嫁接适期为 4~5 片真叶，高 15 厘米左右，茎粗 2.0~3.5 毫米。

番茄接穗

四、茄子砧木及接穗

（1）茄子砧木一般为野生茄子，如托鲁巴姆等，较接穗提前20~30天播种，采用72孔穴盘播种，嫁接适期为4~5片真叶，高15厘米左右，茎粗2~4毫米。

茄子砧木

（2）茄子接穗采用72孔或105孔穴盘播种，嫁接适期为3~4片真叶，高15厘米左右，茎粗2~4毫米。

茄子砧木

第二节　嫁接方法

嫁接宜选择晴天的上午进行，并提前做好嫁接的准备。

选择适宜的场地，宽阔平坦，有干净的嫁接台，高度适宜的凳子。如果在温室内嫁接，温室外要提前覆盖75%以上的遮阳网，温室内保持湿润，避免有强烈的空气流动。

准备好嫁接苗愈合设施如小拱棚等，应盖好塑料薄膜和遮阳网。

挑选适合的秧苗，砧木和接穗的大小要匹配。嫁接前1天接穗和砧木浇透水，必要时水中可以加入一些保护性的杀菌剂。

嫁接时准备好酒精，用于消毒手和嫁接工具。如嫁接刀片，嫁接夹，顶插接还需要准备嫁接针。

嫁接及养护

专业嫁接还需要准备消毒棉球或消毒过的毛巾，用于擦掉手上、嫁接刀上沾到的基质；运送嫁接苗的托盘或者周转筐。

一、黄瓜顶插接法

进行顶插接的最佳时期是砧木出现第一片真叶，接穗子叶展平前。一般情况下，砧木先期播种 1~2 天，种子拱土后再播种接穗，接穗子叶展平前即可嫁接。

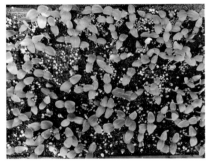

黄瓜顶插接砧木和接穗幼苗

2 名嫁接人员（A 和 B）配合完成。

（1）A 剔除砧木的真叶和生长点。使用专用嫁接针，紧贴任一子叶基部内侧，向另一子叶基部下方呈 45° 斜向刺出，形成楔形的刺孔，嫁接针插入茎部顶端时，以不透出为宜。

（2）B 用刀片切削接穗，在接穗子叶基部下端约 1.5 厘米处切出带尖端的斜面，楔形切口和接穗子叶方向一致，并把接穗递给 A。

（3）A 拔出嫁接针，将接穗沿刺孔插入砧木，接穗插入砧木时，4 片子叶方向一致，不要呈十字形。砧木生长点既可在嫁接前去除，也可等嫁接完成后及时去除。

嫁接步骤

（4）嫁接完成。

黄瓜嫁接苗

砧木生长点在嫁接完成后一定要及时去除，避免生长旺盛而影响接穗生长（右上图）。

二、黄瓜贴接法

（1）用刀片沿砧木任一子叶基部内侧呈 30° 或 45° 切削，削去另一片子叶和生长点，俗称"片耳朵"。

（2）在接穗子叶下方约 1.5 厘米处，用刀片呈 30° 或 45° 切削。

（3）将接穗切面与砧木切面贴合，并用扁口嫁接夹固定。

黄瓜贴接步骤

（4）嫁接完成。

嫁接成活

三、茄果类贴接法

（1）用刀片在砧木子叶上方约 1 厘米处及接穗真叶基部下方约 1 厘米处均呈 30° 向上斜切一刀，切削面长约 1 厘米，两个切面尽量吻合。

（2）将接穗切面与砧木切面贴合，并用扁口嫁接夹固定，也可以使用新型硅胶套管固定。

（3）嫁接完成（适用于番茄、辣椒、茄子等嫁接）。

番茄贴接步骤

番茄贴接苗

四、茄果类劈接法

适用于辣椒、茄子等嫁接。

（1）用刀片在接穗真叶基部下方约 1 厘米处呈 45° 切削，将茎两侧削成楔形。

劈接法

（2）在砧木子叶上方约 1.5 厘米处横切，再从茎中间向下纵切深约 1 厘米。

（3）将切削好的接穗插入砧木切口内并对齐。

（4）用圆口嫁接夹固定，完成嫁接。

茄子劈接苗

第三节　嫁接后管理

嫁接好的穴盘苗应及时补充水分，最好采用底部灌水的方法使基质吸足水分，切忌从上向下淋水，感染伤口。吸足水分的嫁接苗应放置在搭好的小拱棚内，嫁接苗同时覆盖薄膜，湿度以薄膜上有水雾为宜，小拱棚使用塑料布和遮阳网覆盖。

可拆卸的嫁接愈合棚相较于小拱棚，搭建更加标准化、更方

嫁接后养护

便、管理更简单。

嫁接后的前 3 天确保嫁接苗的小拱棚内空气湿度保持在 90% 以上，地面可以喷水保湿。在阴雨天气可以早晚适当减少遮阳网的覆盖，使嫁接苗可以见到 20% 左右的光照。

提高拱棚内的温度，最好保证拱棚内夜温不低于 20℃，白天温度在 25~30℃，高湿可以保护接穗不失水，防止萎蔫，高温可以促进嫁接苗伤口的愈合。

嫁接后的第 4 天起逐渐增加通风见光量，加大昼夜温差，在阴雨天更要注意小拱棚的通风、放风，拱棚内空气凝滞不利于嫁接苗的生长。

黄瓜嫁接苗成活后，要控制适合的空气湿度，大约在 50%。湿度过大，易生出不定根。

湿度大 湿度适中

生产中经常出现嫁接苗叶子黄化、落叶等现象，大都是由于嫁接后通风不良造成的。在穴盘的嫁接苗中一旦出现此类现象应该适当加强通风，并补充一些氮肥，促进生长，还可以喷施少量生长素类物质，如 20 毫克 / 千克萘乙酸等。

　　嫁接成活的秧苗再经过 3~5 天的适应性炼苗，就可以随时移栽定植，在确保定植条件合适时，尽早定植，防止秧苗老化，影响定植的成活率。

第四节　嫁接装备

一、嫁接切削器

　　嫁接切削器适用于茄果类蔬菜作物，只完成秧苗的切削作业，有手动和气动两种类型。手动切削器体积小巧，便于携带，仅大拇指动作就能驱动刀片弹出，完成切削。通过更换刀头座，实现切削角度变化为 30° 或 45°，分别针对嫁接夹和硅胶套管固定方式。气动式切削器体积稍大，但切削更快速更省力，可以显著提升嫁接效

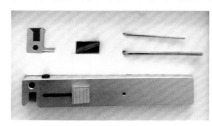

手动式茄果类切削器

气动式茄果类切削器

率和降低工作强度。

采用嫁接切削器进行切削操作，切口整齐标准，利于接穗砧木互相吻合对接，即使是嫁接新手和年龄偏大的操作者，嫁接成活率也可以保持在90%以上。

二、半自动嫁接机

1. 瓜类半自动嫁接机

适用于瓜类蔬菜穴盘苗嫁接使用，采用贴接技术（俗称"片耳朵"），1人上苗。由气泵驱动，人工抓取砧木苗，由机器完成一片子叶及中心生长点的切削，再由人工上接穗苗完成夹持固定，然后机器完成接穗茎秆切削和砧木接穗切口的精准对接，最后由人工上夹固定嫁接苗，取出嫁接苗完成一个作业循环。砧木和接穗标准切角

半自动接接机嫁接

为 30° 和 20° ，嫁接速度 350 株 / 小时，嫁接成功率几乎 100%。

2. 茄果类半自动嫁接机

适用于茄果类蔬菜穴盘苗嫁接使用，采用贴接技术，由 1 人上苗，机器完成接穗夹持和砧木夹持，然后完成茎秆的切削和切口精准对接，再由人工夹好固定嫁接苗，取出嫁接苗。砧木和接穗切角标准为 20° ~25° 可调，嫁接速度 400 株 / 小时，成功率 100%。

三、全自动嫁接机

适用于瓜类及茄果类蔬菜穴盘苗嫁接使用，采用贴接技术，需两人上苗作业，只需将待嫁接秧苗放入指定的上苗工位，机器自动完成秧苗的夹持搬运、切口切削、切口对接和自动上夹作业。整套作业工序只需 4 秒，大大减少了切口在空气中的暴露时间，避免伤口氧化和失水，提高嫁接苗成活率。秧苗切口角度可调范围 20° ~45°，嫁接速度可达 800 株 / 小时以上，嫁接成功率高于 95%。并可通过人机交互控制系统完成嫁接速度和工作参数的调整，实现对嫁接作业的精确控制。

使用嫁接机还可以使用平盘撒播砧木和接穗育苗，用于瓜类断根嫁接育苗，给机器供苗时直接将砧木从地面根部切断，在机器上

全自动嫁接机及生产场景

完成嫁接作业后，需要进行嫁接苗回栽作业。

四、辅助嫁接流水线

嫁接流水线主要为嫁接工人提供作业平台，国内应用比较广泛的嫁接平台多由主体支架和输送层构成，输送层最多分为四层。上面二层分别放入砧木盘和接穗盘，传送带向前运行，各个工位工人按需求取下穴盘苗进行嫁接作业，然后将嫁接完成的苗盘放入第三层传送带运送出去，末端由一位工人负责装入多层育苗车。最底层是废料运输层，工人随时可将嫁接废料从操作台面直接投入底层通道，传送层将废料运输至末端的废料回收箱。引入流水线作业，可以减少搬运砧木、接穗苗盘和处理废料的用工量，提高嫁接效率。

济南伟丽育苗场的嫁接流水线

北京市农业技术推广站对嫁接流水线的最上二层进行了优化，在上部两层输送带上加装了自动推盘机构和穴盘缓存平台，保障每个嫁接工位都有砧木和接穗苗盘。操作者只需从穴盘缓存平台上取苗盘，无须站立取盘。当检测到任意穴盘缓存台面上的苗盘被取下，穴盘输送带就立即运行输送苗盘，自动推盘机构在传感器的指引下为作业人员推送苗盘。同时，在每个嫁接工位配备了气动式手持切削器辅助嫁接生产，使用该嫁接流水线生产效率与纯手工相比可提高 2~3 倍，进一步提高了机械操作步骤的比例，减少了除嫁接操作外的用工，便于统一管理，节约生产成本。

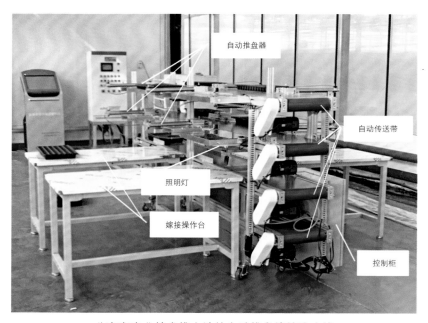

北京市农业技术推广站的自动推盘嫁接流水线

第六章　苗期病虫害防治

第一节　苗期主要病害及防控措施

一、立枯病

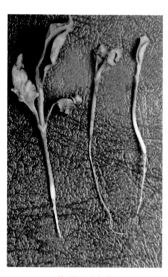

番茄立枯病　　　　　　　　　茄子立枯病

　　成因：病菌喜高温、高湿环境，发病最适宜温度 20℃左右。阴雨天气、光照少易加重发生。

　　症状：初始产生椭圆形不规则暗褐色病斑，后病斑扩大绕茎一周，病部缢缩，叶子萎蔫，植株直立枯死。

　　防治措施：① 适时通风降低棚内湿度。② 发病初期或未发病前及时药剂防控，可选用寡雄腐霉菌、枯草芽孢杆菌、甲基硫菌灵、甲霜恶霉灵等药剂浇灌或喷雾防治。注意轮换用药，避免产生抗药性。

二、猝倒病

瓜类猝倒病

成因：土壤含水量大、空气潮湿，光照不足，幼苗长势弱，易引起猝倒病的发生。

症状：初期茎基部出现水烫状病斑，继而病斑逐渐加深为淡黄褐色，同时绕茎扩展，病部缢缩呈细线状，幼苗因失去支撑而折倒。

防治措施：① 适时放风降低棚室内湿度；② 及时清除病苗和邻近病土；③ 配合药剂防治，可选用哈茨木霉菌可湿性粉剂、甲霜·福美双可湿性粉剂、霜霉威盐酸盐水剂、乙酸铜可湿性粉剂等灌根；④ 施药后注意提高温度。注意轮换用药，避免产生抗药性。

三、灰霉病

成因：低温高湿条件下易发病。发病适宜条件为温度20~25℃，相对湿度90%以上。

症状：叶片染病，多从叶片边缘开始，病斑呈"V"字形向内扩展，病斑边缘呈水浸状，浅褐色。

防治措施：① 尽量降低棚室内湿度。② 及时清洁棚膜，增加透光量，促进棚室温度提升。③ 药剂防治可选用多霉灵、甲霜灵、嘧霉胺、啶酰菌胺等，每5~7天喷雾一次，连

生菜灰霉病

喷2~3次，注意轮换使用。④ 雾霾、阴雨雪天气可选用百菌清等粉尘或烟剂进行防治。

四、炭疽病

成因：棚内温暖潮湿，温度20~24 ℃，相对湿度90%~95%条件下易发病。

症状：子叶或叶片上出现近圆形或不规则形红褐至黑褐色病斑，有时有轮纹，潮湿时病斑表面生出黑色小点或粉红色黏稠物。

冬瓜炭疽病

防治措施：① 适时放风降低棚室内湿度。② 发病后，及时选用咪鲜胺、吡唑醚菌酯、氟菌·肟菌酯等药剂喷雾防治，注意轮换使用。③ 雾霾、阴雨雪天气可选用百菌清等粉尘或烟剂进行防治。

五、霜霉病

成因：低温高湿型病害。通风不良，浇水多排湿不及时易发

生，相对湿度在95%以上条件下极易发生。

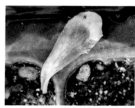

生菜霜霉病

症状：发病初期在叶面形成浅黄色近圆形至多角形病斑，空气潮湿时叶背产生霜状霉层，有时可蔓延到叶面。黄瓜霜霉病病斑受叶脉限制，湿度大时叶背产生紫褐色或灰褐色稀疏霉层。

防治措施：① 适时放风降低棚室内湿度。② 发病后及时选用烯酰吗啉、霜脲·锰锌、吡唑醚菌酯等药剂喷雾防治，注意轮换使用。③ 雾霾、阴雨雪天气可选用百菌清等粉尘或烟剂进行防治。

六、细菌性病害

成因：持续低温、寡照、高湿天气下，非常有利于细菌性病原菌侵染。嫁接等农事操作也易造成病害蔓延。

症状：初为鲜绿色水浸状斑，渐变淡褐色，湿度大时叶背溢出乳白色浑浊水珠状菌脓，干后具白痕。

防治措施：① 适时放风降低棚室内湿度。② 在高危发病期，

黄瓜细菌性角斑病

可选用中生菌素、春雷霉素或喹啉铜等药剂预防；发病后可选用加瑞农、琥胶肥酸铜、精甲·王铜、春雷·中生等药剂进行防治。③用药时需要多次施药，应选用不同作用机理的药剂轮换使用。

七、生理沤根

番茄沤根

成因：温度过低，基质湿度过大、光照不足。

症状：幼苗不发根，根部变褐腐烂，叶边缘发黑萎蔫、根系变黄变黑，活力下降，植株萎蔫，生长停滞。

防治措施：提高夜间基质温度，控制水分，适当增加通风量。

八、药害

番茄药害

成因：用药浓度过大，或是部分药剂在温度较高时段施用时，或是多种药剂混配使用时，极易出现药害。

症状：急性药害在喷药后几小时至 3~4 天后就会表现出症状，如叶面出现大小、形状不等斑点，局部组织焦枯，穿孔或叶片脱落，或叶片黄化、褪绿或变厚。

防治措施：① 一般作物苗期及花期易产生药害，尽量按照农药标签推荐浓度用药。② 尽量避开中午高温时段施药。③尽量避免 2 种以上药剂混用，如需混用，需提前进行小范围试用，确保无药害后再施药。

第二节　苗期主要虫害及防控措施

一、色板诱杀

作用：悬挂黄板诱杀蚜虫、粉虱、斑潜蝇等，悬挂蓝板诱杀蓟马等害虫。

使用要点：① 挂放时间，播种后即可挂放。② 挂放数量，初期 3~5 片用于监测，当虫量较多时每亩设置中型板（25 厘米 × 30 厘米）30 块左右，大型板（30 厘米 × 40 厘米）25 块左右。③ 悬挂高度，苗棚内以色板底边高出蔬菜作物顶端 5~10 厘米为宜。④ 更换处理，色板通常 45 天左右更换一次，但在虫量较多、色板粘满害虫时需及时更换，并妥善处理。

二、防虫网

作用：在育苗设施上下通风口、出入口处加挂防虫网，阻隔蚜虫、烟粉虱和斑潜蝇等小型害虫的进入。

使用要点：预防番茄黄化曲叶病毒病时须选用 50 目以上防虫

防虫网应用

网，培育其他蔬菜苗可采用30~40目防虫网。如果需加强防虫网的遮光效果，可选用银灰色或灰色及黑色的防虫网。银灰色防虫网避蚜虫的效果更好。

三、潜叶蝇

潜叶蝇为害状

传播途径：① 棚室内残留的上茬作物的虫卵、幼虫或成虫。② 成虫从棚外通过风口、门口等进入棚内。③ 不同棚室间转移在育植株，将粉虱带入棚内。④ 未腐熟发酵好的有机肥中携带的虫卵、蛹等进入棚内。

防治措施：① 做好棚室表面消毒、防虫网等预防工作。② 及时挂放黄板，诱杀潜叶蝇成虫。③ 药剂防控：可选用鱼藤酮、印楝素、藜芦碱，或选用溴氰虫酰胺、甲维盐、灭蝇胺等药剂。④ 禁止在不同棚室间转移植株，如需转移需提前做好病虫灭杀处理。⑤ 确保购置的有机肥充分腐熟发酵。

四、粉虱

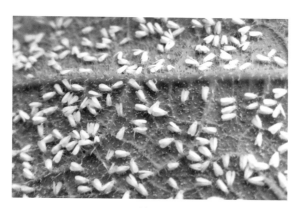

粉虱

传播途径：① 棚室内残留的上茬作物的粉虱虫卵、幼虫或成虫。② 成虫从棚外通过风口、门口等进入棚内。③ 不同棚室间转移在育植株，将粉虱带入棚内。

防治措施：① 做好棚室表面消毒、防虫网、黄板监测等预防工作。② 天敌防控，可选用丽蚜小蜂或是烟盲蝽等。③ 药剂防控，可选用螺虫乙酯、噻嗪酮、氟啶虫胺腈、呋虫胺等药剂，杀卵剂和杀成虫药剂需同时使用。还可采用异丙威等烟剂进行熏棚处理。④ 禁止在不同棚室间转移植株，如需转移需提前做好病虫灭杀处理。

五、蚜虫

蚜虫

传播途径：① 棚室内残留的上茬作物的虫卵、幼虫或成虫。② 有翅蚜虫从棚外通过风口、门口等飞入棚内。③ 不同棚室间转移在育植株将蚜虫带入棚内。

防治措施：① 做好棚室表面消毒、防虫网、黄板监测等预防工作。② 天敌防控，可选用丽蚜小蜂或是烟盲蝽等。③ 药剂防控，可选用矿物油、苦参碱、藜芦碱、噻虫胺、氟啶虫胺腈、吡蚜酮、烯啶虫胺等药剂；还可采用异丙威等烟剂进行熏棚处理。④ 禁止在不同棚室间转移植株，如需转移则需提前做好对病虫的灭杀处理。

六、蓟马

传播途径：① 棚室内残留的上茬作物的若虫、蛹或成虫。② 从棚外通过风口、门口、防虫网等进入棚内。③ 不同棚室间转

蓟马

移在育植株将蓟马带入棚内。

　　防治措施：① 做好棚室表面消毒、蓝板监测等预防工作。② 天敌防控，可选用东亚小花蝽或捕食螨。释放捕食螨时，可在植物上释放巴氏新小绥螨，土壤中释放剑毛帕厉螨，并结合诱集蓝板，形成立体防控。③ 药剂防控，可选用藜芦碱、多杀菌素、矿物油、乙基多杀菌素、溴氰虫酰胺等药剂。④ 禁止在不同棚室间转移植株，如需转移则需提前做好对蓟马的灭杀处理。

第七章 集约化穴盘育苗风险控制

第一节 合同管理

合同是集约化穴盘育苗生产的必要环节。合同是按需生产、销售保证的前提。合同是育苗场的承诺、购买者的保障。

根据《中华人民共和国合同法》，合同中应至少包括以下内容：

育苗者和购苗者的基本信息；

秧苗品种；

每种秧苗数量；

出苗时秧苗的质量要求；

购苗款金额；

付款方式及出苗时间；

违约责任；

解决争议的方法等。

合同内容应适当宽泛，如秧苗标准不宜要求过于详细；合同要规范、如实填写；合同双方应积极履行合同责任。

第二节 壮苗评价

目前在国内并没有蔬菜秧苗质量评价的相关标准备案。综合现行国家标准、行业标准、地方标准中涉及的蔬菜育苗成苗、壮苗标准条款，壮苗的评价应该从苗龄、外观和壮苗指标进行综合评定，而不是使用单一的评定标准。

一、苗龄

苗龄包括日历苗龄和生理苗龄两个方面，日历苗龄是指从播种到成苗所经历的天数，生理苗龄是指秧苗的实际发育状态，通常使用叶片数表示。

以番茄为例。赵瑞在 2000 年对番茄的适宜苗龄进行了研究，结果表明，在穴盘育苗条件下，大龄苗（60 天）秧苗素质较差，前期产量虽高，但总产量偏低，小龄苗（30 天）总产量最高，但前期产量低，中龄苗（45 天）则表现秧苗素质好，前期产量较高，且总产量与小龄苗相比差异不显著，具有较高的生产力。在实际生产中应该酌情考虑。

总结司亚平等多人的研究结果及山东、宁夏、辽宁的地方标准，结果表明，茄果类和瓜类的苗龄评价标准大致可以分为冬春育苗和夏秋育苗两类，冬春育苗大都要求苗龄较大，初现花蕾，日历苗龄比夏秋育苗多 20 天以上，生理苗龄多 1~2 片叶。

二、外观

在蔬菜相关标准《NY/T 2312—2013　茄果类蔬菜穴盘育苗技术规程》中规定，茄果类成苗质量标准为子叶完整，叶色正常；根系嫩白密集，根毛浓密，根系将基质紧紧缠绕，形成完整根坨；无机械损伤，无病虫害。

三、壮苗指数

壮苗指数计算公式：

　　壮苗指数 = 茎粗（cm）/ 株高（cm）× 全株干重（g）

或

$$= 根干重（g）/ 冠干重（g）× 全株干重（g）$$

不同苗龄的秧苗，壮苗指数不同，要把相同苗龄的秧苗进行壮苗指数比较才有意义。作物相同、品种相同、育苗季节相同、苗龄相同的正常秧苗，健壮程度不同，一般情况下壮苗指数值越大秧苗越健壮。

穴盘育苗条件下，由于高度集约化生产和穴盘构造特殊性，穴盘苗的地上部与地下部生长常常受到限制，如果遇到高温高湿特别是夜间和阴雨天高温高湿、光照不足以及移植或定植不及时等情况，幼苗很容易徒长。蔬菜徒长苗主要表现为胚轴伸长，茎细弱，叶片薄且色淡，根系不发达，组织柔嫩，定植后缓苗慢以至于生育推迟、坐果率及前期产量降低等，徒长苗抗逆性差，不适于机械化移栽，易倒伏，不利于搬运和运输。

穴盘苗的生长发育受温度、光照和水分等环境因子共同作用，控制幼苗徒长应从调节温度、光照和水分做起。

徒长苗形成的主要原因：

（1）温度过高、基质水分较大。尤其是幼苗拱土时，夜温高造成秧苗下胚轴生长过快，如果再加上基质内水分过多，导致基质空气含量减少，根系的活力下降，极易造成秧苗徒长。

（2）光照不足。通常情况下，红橙光是光合作用最有效的光线，可以促进秧苗生长，但是容易节间伸长，茎秆细弱；蓝紫光可以使蔬菜生长矮壮，其中适当的紫外光线可以抑制秧苗徒长。

（3）播种过密。使用较多孔穴的穴盘进行育苗，秧苗间相互遮挡，出现争抢光照、水分、空气的情况，也会诱发徒长。

（4）氮肥过多。氮肥可以促进秧苗营养生长，但是使用量过多会导致秧苗地上部徒长，根系不发达。

部分蔬菜徒长苗形态

子叶完整　　　　　根系嫩白密集　　　　黄瓜"四平头"

部分蔬菜壮苗形态

第三节 运 输

随着物流业的发展，远距离调运蔬菜秧苗已经可以轻松实现，秧苗的包装有多种形式，盒、箱、筐、保温箱等，番茄、辣椒、茄子等耐储运的秧苗也可以选择不带穴盘运输。

单盘透气盒　　　　　　　　　多层透气箱

单盘装筐　　　　　　　　　　双盘对头装

双盘背靠背装筐　　　　　　　三盘背靠背装筐

保温箱无穴盘包装（主要用于物流运输）

装筐运输　　　　　　　　　多层无筐运输

　　秧苗运输时，建议使用封闭式货车，夏季装苗选择早上或者晚上温度比较低时进行，冬季装苗注意保温，车厢内温度保持10~12℃为宜。出圃前2~3天施肥、用药，做到带肥带药出圃，装车时秧苗尽量不要带水。

第四节　灾害应急

风、雨、雪、冰雹等灾害性天气危害

一、防灾措施

在雷雨大风、冰雹来临前，应因地制宜做好以下五个方面的工作以防止灾害的发生。

（1）对老旧温室、塑料大棚等育苗设施及可能存在风险的设施及时进行加固维修，避免大风、暴雨损坏设施结构，造成设施垮塌。

（2）关闭或拆除危险区域的电力设施，防止在灾害天气时出现着火、人员伤亡事故。

（3）加强清沟理沟工作，确保沟系畅通，保障园区内部、外部及生产单元周边排水良好，随时应对暴雨的袭击。

（4）在育苗设施的入口、前屋面或四周修筑高台防止外部雨水倒灌，并及时紧固棚膜、棉被及风口等的绳索，在大风、暴雨来临前及时关闭风口等。

（5）建立蔬菜穴盘苗应急保障体系。

北京市影响蔬菜生产的主要自然灾害发生规律为3、4、5月的低温大风天气，7、8、9月的高温雨涝天气，及11、12月的低温雾霾等灾害天气。但全市蔬菜生产以春茬为主，所以储备重点时期在3、4、5月，辅助以9、10、11月。储备主体为生产有余力的大型育苗场，按照就近供应的原则、从南到北进行储备苗生产。

二、减灾措施

在灾害发生后，及时抢救受灾秧苗，保障快速恢复生产用苗。针对育苗场地出现积水、棚室漏雨、苗床被雨水冲刷的菜苗，减灾措施如下：一是及时排水或转移秧苗，减少浸泡时间。采用育地苗方式的育苗基地（农户），发现棚室积水，要及时排水；采用集约化穴盘育苗方式的育苗基地（农户），可把穴盘及时转移到安全棚室。二是采取分苗措施，提高菜苗成活率。育地苗的基地（农户），积水排出后，尽快采取分苗措施，改善菜苗生长环境；穴盘育苗的要及时倒苗，补齐苗盘，便于集中管理，提高受灾秧苗成活率。三是遮阳降温，控制缓苗过程。积水后菜苗根系受损严重，同时，雨后乍晴，阳光充足，应采取遮阳降温，控制缓苗过程，一般缓苗时间为3~5天。四是针对受灾严重的生产基地和农户，需重新育苗，要及时排水、晾地，进行土壤、棚室、器具等消毒处理，同时采用变温处理催芽等技术，缩短育苗时间。

参考文献

曹玲玲，田雅楠，赵立群，等 . 2017. 蔬菜育苗相关标准现状与壮苗评价方法［J］. 农业工程技术，37（19）：15-17.

曹玲玲，田雅楠，赵立群 . 2018. 设施番茄高效集约化育苗技术［J］. 农业工程技术，38（10）：41-44.

曹玲玲，赵景文，王永泉 . 2013. 北京地区蔬菜集约化育苗产业现状及发展建议［J］. 中国蔬菜（11）10-12.

曹玲玲，赵立群，台社红，等 . 2016. 黄瓜穴盘苗生育动态观测及培育壮苗关键期的研究［J］. 农业工程技术，36（10）：50-53.

曹玲玲 . 2018. 芹菜集约化穴盘育苗关键技术［J］. 中国蔬菜（12）：91-93.

陈殿奎 . 2000. 发展穴盘育苗，推进蔬菜种植业现代化［C］. 全国工厂化农业可持续发展研讨会：167-171.

陈殿奎 . 2000. 我国蔬菜育苗的现状问题及发展趋势［J］. 中国蔬菜（6）：1-3.

陈凯，张端喜，徐华晨，等 . 2018. 蔬菜种子丸粒化包衣技术规程［J］. 江西农业学报，30（12）：51-55.

葛晓光 . 1987. 果菜壮苗指标研究的概况［J］. 中国蔬菜（1）：32-34，44.

郭凤领，邱正明 . 2009. 蔬菜育苗实用技术指南［M］. 武汉：湖北科学技术出版社 .

姜颖，赵越，孙全军，等 . 2018. 植物生长调节剂在植物生长发育中的应用［J］.黑龙江科学，9（24）：4-7，11.

李刚，潘玲华，滕献有.2018.不同嫁接工具在番茄嫁接上的应用研究［J］.蔬菜（9）：12-15.

李天来.2013.日光温室蔬菜栽培理论与实践［M］.北京：中国农业出版社.

梁桂梅，尚庆茂，冷杨.2014.蔬菜集约化育苗技术操作规程汇编［M］.北京：中国农业科学技术出版社.

刘宜生，王长林，温风英.1995.不同营养体积对番茄幼苗发育的影响［J］.中国蔬菜（3）：20-22.

陆帼一，张和义，周存田.1984.番茄壮苗指标的初步研究［J］.中国蔬菜（1）：13-17.

莫天利，蔡小林，蒋强，等.2018.我国蔬菜育苗研究发展态势及其影响因素分析［J］.江西农业学报，30（4）：48-53，58.

蒲荣升，冯友孝.2012.蔬菜种子质量问题及检测技术简议［J］.南方农业，6（5）：59-61.

司亚平，何伟明.1999.瓜果蔬菜穴盘苗技术规范［J］.农业实用工程技术（5）：8-9.

王宝驹，武占会.2018.蔬菜嫁接育苗技术研究进展［J］.农业科学，8（1）：42-47.

王德欢，葛米红，梁欢，等.2018.不同砧木品种对番茄嫁接苗生长与果实品质和产量的影响［J］.长江蔬菜（22）：11-14.

吴金锋.2016.贴接法在黄瓜嫁接育苗中的应用研究［D］.泰安：山东农业大学.

许天委，林春光.2018.种子引发技术的研究进展［J］.黑龙江农业科学（10）：172-177.

张多娇，齐红岩，陈璐璐.2009.嫁接对薄皮甜瓜花芽分化和花发育的影响［J］. 中国蔬菜（6）：25-30.

张福墁，等 . 2000. 设施园艺学［M］. 北京：中国农业大学出版社 .

张凯，魏敏芝，陈青云，等 . 2004. 黄瓜穴盘苗壮苗指标的初步研究［J］. 华中农业大学学报（12）：240-244.

张志刚，董春娟，尚庆茂 . 2017. 蔬菜幼苗徒长防控操作技术规程［J］. 中国园艺文摘，33（10）：64-66，146

赵瑞，陈俊琴 . 2004. 番茄穴盘育苗苗龄和营养面积的研究［J］. 中国蔬菜（4）：19-21.

赵瑞，马健，李飞，等 . 2000. 番茄穴盘育苗苗龄的研究［J］. 中国蔬菜（6）：6-9.

赵瑞，马能，李飞，等 . 2000. 黄瓜穴盘育苗苗龄对秧苗素质及产量的影响［J］. 长江蔬菜（3）：25-27.

郑建秋，等 . 2018. 保您少用多半药［M］. 北京：中国农业科学技术出版社 .

Ashraf M A, Tian S, Kondo N, et al. 2014. Machine vision to inspect tomato seedlings for grafting robot［J］. Acta Horticulturae (1054)：309-316.

Bizhen Hu, Mark A Bennett, Matthew D kleinhenz. 2016. A new method to estimate vegetable seedling vigor, piloted with tomato, for use in grafting and other contexts［J］. HortTechnology，26（6）：767-775.

Charles W, Marr, Mark J. 1990. Holding tomato transplants in plug trays［J］. Hort Science, 25（2）：173-176.

Hira Singh, Pradeep kumar, Sushila Chaudhari. 2017. Tomato grafting: a global perspective［J］. HortScience，52：1 328-1 336.